形形色色的岩石

刘清廷◎主编

时代出版传媒股份有限公司
安徽美术出版社
全国百佳图书出版单位

图书在版编目（CIP）数据

形形色色的岩石/刘清廷主编．—合肥：安徽美术出版社，
2013.3（2021.11重印）（奇趣科学．玩转地理）
ISBN 978－7－5398－4245－5

Ⅰ.①形… Ⅱ.①刘… Ⅲ.①岩石－青年读物②岩石－
少年读物 Ⅳ.①P583－49

中国版本图书馆 CIP 数据核字（2013）第 044157 号

奇趣科学·玩转地理
形形色色的岩石

刘清廷 主编

出 版 人：王训海
责任编辑：张婷婷
责任校对：倪雯莹
封面设计：三棵树设计工作组
版式设计：李　超
责任印制：缪振光
出版发行：时代出版传媒股份有限公司
　　　　　安徽美术出版社（http://www.ahmscbs.com）
地　　址：合肥市政务文化新区翡翠路 1118 号出版传媒广场 14 层
邮　　编：230071
销售热线：0551－63533604　0551－63533690
印　　制：河北省三河市人民印务有限公司
开　　本：787mm×1092mm　1/16　印 张：14
版　　次：2013 年 4 月第 1 版　2021 年 11 月第 3 次印刷
书　　号：ISBN 978－7－5398－4245－5
定　　价：42.00 元

地球形成之初，地核的引力把宇宙中的尘埃吸引过来，凝聚的尘埃就变成了山石，经过风化，变成了岩石。几亿年过去了，世界上就有了无数岩石。岩石与矿物都是地球表层的原生物质。岩石由数不清的矿物的颗粒组成，有些则仅在显微镜下可见。少数岩石由单一的矿物组成，其他种类的岩石则含有 6 种或 6 种以上的矿物成分。

严格地来讲，岩石是固态矿物或矿物的混合物，由一种或多种矿物组成的，具有一定结构构造的集合体，也有少数包含有生物的遗骸或遗迹。岩石是组成地壳的物质之一，是构成地球岩石圈的主要成分。

在日常生活中，岩石已经是大家司空见惯的东西，我们生活的周围随处可见。可是各种不同的岩石是怎样形成的，不同的岩石又具有怎样各异的性质，岩石、矿物又具有什么样的作用，我想这是大家所不常接触的。本书通过真实的图片配以翔实的文字描述，对岩石和矿物的各个属性进行全方位的讲解。看过之后一定会让您对于看似平白无奇的岩石有全新的认识。

CONTENTS 目录

形形色色的岩石

漫话岩石

从《山海经》说起 ……………… 2

绚丽多彩的岩石 ……………… 3

矿产的摇篮 ……………… 7

岩石的学问 ……………… 8

岩石的风化 ……………… 12

石从何来

历史上的水火之争 ……………… 18

稀奇的岩浆湖 ……………… 20

沧海桑田话沉积 ……………… 23

天星坠地能为石 ……………… 26

到月宫去考察 ……………… 28

有关岩石的名词术语

岩石圈 ……………… 32

万卷书 ……………… 32

走　向 ……………… 33

倾　向 ……………… 33

倾　角 ……………… 34

褶　皱 ……………… 34

断　裂 ……………… 35

造山运动 ……………… 38

喜马拉雅运动 ……………… 39

板块运动 ……………… 40

火　山 ……………… 40

露　头 ……………… 42

化　石 ……………… 43

矿物与岩石

地壳化学成分 ……………… 48

矿　物 ……………… 48

岩　石 ……………… 65

奇特的岩石地貌 ……………… 79

奇山异石

砂岩与名胜 ……………… 84

石灰岩与石林洞天 ……………… 96

花岗岩的胜景 ……………… 107

玄武岩及其火山景观 ……………… 112

变质岩与泰山、嵩山 ……………… 117

岩石中的稀世珍宝

岩石中的珍品 ……………… 126

玉杯 "一捧雪" 的故事 ……… 128

完璧归赵中的和氏璧 ……… 130

灵璧一石天下奇 ……… 131

翡翠屑金 ……… 132

玉中新秀——丁香紫 ……… 133

贺兰山上的贵石——贺兰石 … 134

青田有奇石 ……… 135

玲珑剔透的昆石 ……… 137

四大园林名石之首的英石 … 139

印材中的奇葩——昌化石 … 139

"印石三宝" 之首的寿山石 … 141

集各色石种之大成的巴林石 … 142

再现的蓝田玉 ……… 142

次生石英岩的玉类 ……… 143

纯洁的大理石 ……… 145

高级彩石花岗岩 ……… 147

书法家的伴侣——石砚 ……… 149

十分珍贵的钻石 ……… 152

漫话试金石 ……… 169

流纹岩荟萃 ……… 171

生物岩石 ……… 173

能驯服噪声的珍珠岩 ……… 174

往外渗血的石头 ……… 176

恐龙山和 "恐龙蛋" ……… 177

会唱歌的钟乳石 ……… 179

泼水现竹的石壁 ……… 181

新疆古鞋印化石 ……… 183

建筑用的巨石何处来 ……… 185

石趣横生

能发光的石头 ……… 156

以金伯利爵士命名的岩石 … 158

稀少的火成碳酸岩 ……… 160

比水还轻的浮石 ……… 161

能治病的石头 ……… 162

能燃烧的岩石 ……… 164

旧友新知——碳酸盐岩 ……… 166

地质年代与岩石划分

绝对地质年代 ……… 190

寒武纪 ……… 193

奥陶纪 ……… 196

志留纪 ……… 199

二叠纪 ……… 201

侏罗纪 ……… 203

第四纪 ……… 205

地理中的 "金钉子"

"金钉子" 是什么? ……… 210

"金钉子" 的作用和意义 ……… 211

中国的 "金钉子" ……… 213

巢湖平顶山 "金钉子"
候选地 ……… 215

漫话岩石

　　我们知道，在地球的地壳深处和上地幔的上部，主要由火成岩和变质岩组成。从地表向下 16 千米范围内火成岩大约占 95%，沉积岩只有不足 5%，变质岩最少，不足 1%。地壳表面以沉积岩为主，它们约占大陆面积的 75%，洋底几乎全部为沉积岩所覆盖。可以说，我们赖以生存的物质基础便是岩石，它承载着地球上的生物，使它们繁衍不息。

从《山海经》说起

长期以来，人们除了注意江河湖海的风光和名山大川的景色以外，还注意了地壳上各种各样的岩石，而且将他们考察的情况载入史册。在世界文化史上，第一篇记载矿物岩石的文章是《尚书》中的《禹贡》篇，此文是公元前 22 世纪末的著作，距今已有 4200 多年的历史。传说尧舜时代（公元前 23 ~ 前 22 世纪），黄河流域发生特大洪水，禹治水 13 年，三过家门而不入，终于治服了洪水。《禹贡》是禹在平治水土之后所作，有人说是大禹的亲笔。《禹贡》全文将近 1200 字，记载了各地的山川、土壤、动植物以及 12 种矿物和岩石。

几百年之后的《山海经》，记载了矿物岩石产地约 226 处，比《禹贡》的内容丰富多了。

岩石是古代人们的建筑材料和生产、生活的工具。212 年，东吴孙权，在清凉山金陵邑（今南京），用石头兴建了一座城市，这是当时最大的城，又是水军的江防要塞，所以南京又叫石头城。现代地质学称石头为岩石。岩石的"岩"字，在古代是山崖和山穴的意思，用来表示山势高峻、峰岭陡峭的地势。

自从 18 世纪现代地质学诞生以来，"岩石"一词，就不再沿用古义了。纵览各种矿物、岩石的名称，可以发现一个有趣的规律，即"石"一般指各种非金属矿物，如长石、方解石、金刚石、红柱石、电气石、萤石、绿柱石和蓝晶石等。习惯上将金属矿物称为矿，如黄铜矿、黄铁矿、白钨矿、方铅矿和磁铁矿等。"岩"则指矿物集合体，如花岗岩是长石、石英和少量云母等矿物组成的集合体；辉长岩是辉石和长石等矿物组成的集合体。

所以可以给岩石下这样的定义：岩石是指地壳和上地幔中由各种地质作用形成的固态物质。岩石是由一种或几种矿物组成的、具有稳定外形的矿物集合体。

对这个定义做一下分析，便能清楚地看出岩石的含义了：

基本
小知识

长 石

　　长石是长石族矿物的总称，是地壳中最重要的造岩成分，比例达到 60%。长石的主要化学成分为包括钾、钠、钙、钡等元素的铝硅酸盐矿物。长石是在侵入火成岩或喷出火成岩中的岩浆的结晶体，可形成矿脉；也可存在于多种变质岩中。几乎完全由钙质斜长石形成的岩石称作斜长岩。

　　1. 岩石是火山爆发、岩浆活动等内力地质作用和海洋、河流、湖泊、风、冰川等外力地质作用的产物。因此，人工制造出来的工艺岩石，如人造大理岩就不能叫作"岩石"。而其他星球上的岩石则常常加上定语，如"月岩"是指月球上的岩石。"宇宙岩石"是指其他星球上的岩石。

　　2. 岩石是由一种或几种矿物组成的集合体。大理岩是由一种矿物——方解石组成的岩石。花岗岩则是由长石、石英和少量深色矿物组成的岩石。

　　3. 岩石是具有一定形态的矿物集合体。因此，那些无一定形态的液体——石油、气体——天然气，以及松散的沙子、泥土等都不能称作岩石。

▶️ 绚丽多彩的岩石

　　地球的表面崎岖不平，高山、大海、河流、湖泊纵横交错，织成了一幅幅锦绣河山。高山上分布着奇岩怪石，河岸边耸立着陡壁悬崖，广阔的海底在淤泥底下就是坚硬的岩石。岩石组成了整个地壳。

　　岩石组成的地壳，可分为大陆型地壳和大洋型地壳两种。大陆型地壳平均厚度约 33 千米（我国青藏高原可达 50～70 千米），从上到下，由沉积岩层、花岗岩层和玄武岩层构成。大洋型地壳平均厚度为 6.8 千米，自上而下为海底沉积岩和玄武岩等。地壳上各种岩石的分布是很有规律的，比如，大多数玄武岩分布在海洋底部，组成洋壳；花岗岩分布在陆地上，构成陆壳；而安山岩则往往出现在褶皱带附近，构成岛弧；超基性岩出现在深断裂带，呈带状分布。

拓展阅读

方解石

方解石是一种碳酸钙矿物，天然碳酸钙中最常见的就是它。因此，方解石是一种分布很广的矿物。方解石的晶体形状多种多样，它们的集合体可以是一簇簇的晶体，也可以是粒状、块状、纤维状、钟乳状等。敲击方解石可以得到很多方形碎块，故名方解石。

众所周知，世界上有生命的东西（如动物、植物）年龄有大小之分。有趣的是，岩石的年龄也有大小之分。地质工作者在格陵兰岛发现了年龄为40亿年左右的岩石。目前多数人认为，地球的年龄约46亿年。中国科学院地质研究所人员在河北的迁安一带，发现了我国最老的岩石，其年龄约36.7亿年。此外，泰山的岩石也比较古老，大约有24亿年了。那么，是否有年龄较小的岩石呢？有，在沉积岩中要算天涯海角一带的"海滩岩"年龄小，岩石中竟然有第二次世界大战时的钢盔和罐头瓶。在火成岩中则要算最近的火山爆发所形成的熔岩了。

基本小知识

火成岩

火成岩或称岩浆岩，是指岩浆（地壳里喷出的岩浆，或者被融化的现存岩石）冷却后，成形的一种岩石。现在已经发现700多种岩浆岩，大部分是在地壳里面的岩石。常见的岩浆岩有花岗岩、安山岩及玄武岩等。一般来说，岩浆岩易出现于板块交界地带的火山区。

各个不同时代的岩石，组成了闻名于世的山水名胜。传说，三山五岳是我国古代神仙居住的地方。三山又称"三神山"，实际上是不存在的。五岳则是我国五大名山的总称，即东岳泰山、西岳华山、北岳恒山、中岳嵩山和南岳衡山。唐玄宗、宋真宗曾封五岳为王、为帝。其实，五岳都是由岩石组成的山峰，只是山势挺拔，气势雄伟罢了。五岳之首为东岳泰山，屹立在华北大平原东部，是一种由变质岩——片麻岩构成的断块山；"五岳独秀"的南岳衡山，耸立于湖南衡阳盆地湘江之滨，是舜、禹等南巡到达的地方，山上七十二峰均由花岗岩组成；以险峻闻名的西岳华山，位于陕西省华阴县，也由花岗岩组成；北岳恒山，在山西省东北部，由变质岩组成；位居中原的嵩山，古称中岳，在河南省登封县北，由石英岩组成。此外，峨眉山的山顶是由二叠纪的玄武岩组成的。所以，天下名山，无不与各种岩石的性质有关，如组成山体的岩石比周围岩石坚硬，就会造成山体突兀于群山之上的地形；组成山体岩石节理发育，山上就会形成众多的奇峰异石；组成山体是易溶的石灰岩，就会形成秀丽的石林和溶洞。

拓展阅读

二叠纪

二叠纪是古生代的最后一个纪，也是重要的成煤期。二叠纪开始于距今约 2.95 亿年，延至距今 2.5 亿年，共经历了 4500 万年。二叠纪的地壳运动比较活跃，古板块间的相对运动加剧，世界范围内的许多地槽封闭并陆续地形成褶皱山系，古板块间逐渐拼接形成联合古大陆。陆地面积的进一步扩大，海洋范围的缩小，自然地理环境的变化，促进了生物界的重要演化，预示着生物发展史上一个新时期的到来。

　　地面上所见到的岩石虽然千姿百态、五彩缤纷，但从岩石成因上来看，它们可归纳为三大类，即火成岩、沉积岩和变质岩。

　　火成岩一词，来源于拉丁文，是"火焰"之意。火成岩也叫岩浆岩，是由天然岩浆冷却结晶和凝固而成。如玄武岩、花岗岩等都是火成岩。人们经常说火山爆发，实际上岩浆喷出地表时，并没有火焰。但是火山中确实蕴藏着巨大的热量，在火山喷发物中真正可以燃烧的成分，只有少量的氢气，而氢气燃烧所产生的火焰，人们又很难看到。那么，"火"是怎么回事呢？原来，那是火山中炽热的熔岩

火成岩

沉积岩

流在其上部蒸气中，反射出红色灿烂的光辉，看上去像是着了火一样。火山中喷出的滚滚"浓烟"也不是普通的浓烟，而是浓厚的气体和水蒸气。它之所以有时呈黑色，好似滚滚浓烟，是因为在喷出物中混有大量火山灰的缘故。

沉积岩一词来源于拉丁文，是"沉淀"的意思。有人称沉积岩为"水成岩"，其实这种称呼是很不确切的。因为沉积岩并不都是水成的，还有风成的、冰川成的，有时还有火山物质和宇宙物质的掺入等。例如火山爆发时的火山灰，落到地上形成凝灰岩；陨石等宇宙尘埃也掺在沉积岩中；还有戈壁沙漠里的砾石、沙子是风成的。唐代诗人岑参早已认识到这一点，他写道："一川碎石大如斗，随风满地石乱走。"就是说，在沉积岩的形成过程中，风可以搬运和沉积某些沉积物。此外，地质学家们还发现，在珠穆朗玛峰距今约2.5亿年前形成的地层里，有一套杂砾岩，其中的砾石、沙子和泥土是由冰川搬运后沉积形成的。所以，把沉积岩叫做水成岩是名不副实的。

变质岩

砾 石

基本小知识

砾石是指平均粒径大于2毫米，小于64毫米的岩石或矿物碎屑物。地质学中将粒径小于2毫米的定义为沙。大于64毫米至256毫米的为卵石。砾石可以细分为细砾、粗砾和巨砾。砾石由暴露在地表的岩石经过风化作用而成，常沉积在山麓和山前地带；或由于岩石被水侵蚀破碎后，经河流冲刷沉积后产生。砾石胶结后形成砾岩或角砾岩。

变质岩一词来源于希腊文，是"形态的变化"的意思。这一类岩石在地壳深处极高的温度和很大的压力条件下，由原来的岩石，如火成岩、沉积岩发生变质而成的，例如板岩、片岩和片麻岩等。

🔊 矿产的摇篮

人们生活在世界上，衣食住行无不与矿产相关。每天早晨，墙上挂钟的响声把你从睡梦中催醒，顺手打开电灯，穿上你漂亮的化纤衣服。就这么一会工夫，你已经接触到许多从矿石中提取出的各种物质了。挂钟里有铁制的各种零件，也有铜制的、铬制的零件等。它们是分别从铁矿石、铜矿石和铬矿石中提取出来的金属；电灯的钨丝是从钨矿石中提取出来的，灯泡是玻璃制品，是用石英质岩石或石英砂熔炼成的；石灰岩是化纤的一种原料。从这些，就不难看出矿产与人类的关系了。

随着生产的不断发展，人们对岩石的认识日益深化，岩石的用途也日益扩大。这就需要人们不断地开发矿产资源。所谓矿产，就是在现有技术条件下可以开采和利用的矿物和岩石。从科学技术发展的角度看，矿产和岩石之间并没有明显的界限。矿产蕴藏于各种岩石中，岩石就是矿产的母岩。

大家都知道金刚石吧？它光彩夺目，硬度出众，自古以来一直被视为无价之宝，它产在什么岩石中呢？它产在一种稀少而特殊的金伯利岩中。

有一个牧业主乘坐着直升机去选牧场位置，因飞机上指示航向的指南针失灵而迷失了航向。当他们着陆察看时，在古老变质岩中发现了一个大磁铁矿床。原来是磁铁矿的磁性吸引指南针，使指南针失了灵。

据我国《列子》一书记载，我们的祖先早就用石棉织成了一种能隔热、耐高温、防腐蚀的"火浣布"。这块"火浣布"就是石棉布。这种石棉蕴藏在什么岩石里呢？它产在富含镁的超基性岩中。四川省石棉县的蛇纹石化的超基性岩就产石棉。

知识小链接

白云岩

　　白云岩是以白云石为主要成分的碳酸岩岩石，含有少量的方解石和黏土等矿物，主要成分为碳酸镁钙和少量的二氧化硅、氧化铁、氧化铝等，外表类似石灰岩，为浅灰色、白色或灰黑色。白云岩在冶金工业中用于高炉炼铁的熔剂，也可以作为碱性耐火材料，还可以用作制造硫酸镁、钙镁磷肥的原料和制作玻璃、陶瓷的配料。

西安碑林

　　此外，花岗岩、大理岩可作高级的建筑石材和彩石；石灰岩可用来烧制石灰，还可作水泥和塑料的原料，人们喜爱穿用的的确良等化纤制品就是用质地很纯的石灰岩作原料的；白云岩可作耐火材料和炼钢的熔剂；珍珠岩是绝热保温材料；玄武岩是铸石原料等。

　　人类文化的发展与岩石关系也很密切。我国龙门石窟和云冈石窟的佛像都是在岩石上雕塑的。它记载了我国劳动人民的高超艺术，成为中国古代文化的宝库。西安碑林的石碑上，雕刻着各时代的史实。碑林为我国的历史研究提供了丰富的材料。

岩石的学问

　　我国古代研究岩石的学者有北宋的沈括和明代的徐霞客。早在11世纪，沈括就已经认识到华北平原曾经是大海，经河流泥沙长期沉积变成了陆地。他所著的《梦溪笔谈》被英国的科学史家李约瑟誉为"中国科学史的里程碑"。徐霞客27岁开始调查石灰岩溶洞，踏遍了南方各省，与长风为伍，云雾为伴，洞穴为栖，绝粮不悔，重病不悲，献身于探索大自然的奥秘。他所到之处，一山一石，一洞一穴，全记载下来，后来写成名著《徐霞客游记》。

几百年以来，对于岩石的研究已经发展成为一门学科，这就是岩石学。它的任务主要是研究岩石的物质组成、结构、构造、形状、成因、分布情况以及有关的矿产等。

岩石是由矿物组成的。目前已经知道的矿物有3000多种，但常见的岩石中，只含有10多种矿物，其中经常看到的有长石、石英、辉石、橄榄石、云母和方解石等。它们占岩石中所有矿物的90%以上。

沈 括

知识小链接

矿 物

矿物是自然产出且内部质点（原子、离子）排列有序的均匀固体。其化学成分可用化学式表达。另外，地球中的矿物都是由地质作用形成的。

绝大多数矿物都是晶体，它内部的原子或离子都按照一定秩序、有规律地排列起来，组成具有一定结构、一定形状的固态物质，称为结晶矿物。绝

珍珠岩

伟晶岩文象结构带

大多数岩石是由结晶矿物组成的。例如，我国旅游胜地黄山、九华山上的花岗岩，都是由结晶矿物组成的。但是，自然界也有极少数的岩石是非结晶物质——玻璃质组成的，如具有隔热、隔音性能的珍珠岩。

在岩浆岩中，经常还可以看到一些饶有趣味的矿物组合关系。如在肉红色的板状钾长石晶体中，镶嵌着棱状的烟灰色石英晶体，俨如古代的象形文字，岩石学家称它为文象结构。

基本小知识

骨　骼

骨骼是组成脊椎动物内骨骼的坚硬器官，功能是运动、支持和保护体，制造红血球和白血球，以及储藏矿物质。骨组织是一种密实的结缔组织。骨骼由各种不同的形状组成，有复杂的内在和外在结构，使骨骼在减轻重量的同时能够保持坚硬。骨骼的成分之一是矿物质化的骨骼组织，其内部是坚硬的蜂巢状立体结构；其他组织还包括骨髓、骨膜、神经、血管和软骨。

在海洋、湖泊和河流环境里形成的岩石，往往包含有较多的水生生物的骨骼，形成生物结构。而沉积岩结构大都很像南方的花生糖和芝麻糖那样，原来岩石风化破碎成的矿物碎屑及岩屑像花生粒和芝麻粒，胶结物就像糖一样把它胶结起来，这就是胶结结构。

岩石中各种矿物的排列情况也是多种多样的。火山爆发时，熔浆边流动边凝固，造成不同颜色的矿物、玻璃质和气孔沿一定方向呈流状排列，就像河里放木排一样，可以指示熔浆流动的方向，称为流纹构造。海底火山爆发时，熔岩流在海水中形成枕头状，一块一块互相叠堆，称为枕状构造。

有些岩石中的暗色矿物和浅色矿物相间成条带状排列，称做条带

黏土矿物胶结

构造。

　　沉积岩往往是成层状产出的，有的层薄得像纸一样，有的厚达几米。采石工人采石时，凭经验，他们总是顺着岩石的层理开采。岩石的层理是由沉积物的颜色、成分和颗粒大小的不同显示出来的。在有的层面上，还可以见到当时的波浪痕迹。这种痕迹，古代叫作沙痕，现在叫作波痕。

玄武岩枕状构造

　　岩石的学问，不仅在于它们的组成矿物的多样性、结晶形状的差异性和构造的多变性等方面，而且还表现在成因、分布规律与矿产的关系上。几百年来，许多岩石学工作者，夜以继日、年复一年地埋头于岩石研究，探索着岩石的奥秘。

　　19 世纪中叶，岩石学开始成为一门独立的学科。当时资本主义工业迅速发展，对矿产资源的需求与日俱增，随着矿业的发展，积累了大量的矿物和岩石资料，推动了岩石学的发展。在岩石学的发展史上，偏光显微镜的出现是一个转折点。1828 年，尼柯尔发明了偏光镜，并装制成了偏光显微镜。后来，英国的索尔比制成岩石薄片，于是开始了用显微镜研究岩石的新时代。

　　岩石的研究，大致上可以分为两个阶段。第一阶段是野外地质调查，目的在于弄清岩石的产出状态，与周围岩石的关系，岩石的矿物成分、结构、构造，并大体确定岩石的类型和名称等。第二阶段是在实验室里用各种仪器，如偏光显微镜、X 光衍射分

条带状构造

析、光谱分析、红外光谱分析、化学分析，对岩石的矿物成分和化学成分作比较精确的鉴定，并对岩石所含微量元素作大型光栅光谱、X荧光光谱、质谱和中子活化分析等。

岩石虽然只占地球质量的0.7%，占地球总体积的1.4%。然而，这是一个不小的数字，它的体积竟达1500亿亿立方米，质量约4300亿亿吨。而今，我们能直接观察到的岩石，只是很小的一部分，对其了解也是很肤浅的。我们深信，随着科学技术的发展，对于岩石的研究会更深刻，得到的岩石的学问肯定会比现在要多得多。

你知道吗

什么是X光？

X光又被称为艾克斯射线、伦琴射线或X射线，是一种波长范围在0.01纳米到10纳米（对应频率范围30PHz到30EHz）的电磁辐射形式。X射线最初用于医学成像诊断和X射线结晶学。X射线也属于游离辐射等一类对人体有危害的射线。

岩石的风化

岩石在太阳辐射、大气、水和生物作用下出现破碎、疏松及矿物成分次生变化的现象。导致破碎的现象的作用称风化作用。分为：

（1）物理风化作用。它主要包括温度变化引起的岩石胀缩、岩石裂隙中水的冻结和盐类结晶引起的撑胀、岩石因荷载解除引起的膨胀等。

（2）化学风化作用。它包括：水对岩石的溶解作用；矿物吸收水分形成新的含水矿物，从而引起岩石膨胀崩解的水化作用；矿物与水

风化的岩石

反应分解为新矿物的水解作用；岩石因受空气或水中游离氧作用而致破坏的氧化作用。

（3）生物风化作用。它包括动物和植物对岩石的破坏，其对岩石的机械破坏亦属物理风化作用，其尸体分解对岩石的侵蚀亦属化学风化作用。人为破坏也是岩石风化的重要原因。岩石风化程度可分为全风化、强风化、弱风化和微风化4个级别。

基本小知识

溶　解

广义上说，超过两种以上物质混合而成为一个分子状态的均匀相的过程称为溶解。而狭义的溶解指的是一种液体对于固体/液体/气体产生化学反应使其成为分子状态的均匀相的过程称为溶解。

大约在200年前，人们认为高山、湖泊和沙漠都是地球上永恒不变的特征。可现在我们已经知道高山最终将被风化和剥蚀为平地，湖泊终将被沉积物和植被填满，沙漠会随着气候的变化而行踪不定。地球上的物质永无止境地运动着。暴露在地壳表面的大部分岩石都处在与其形成时不同的物理化学条件下，而且地表富含氧气、二氧化碳和水，因而岩石极易发生变化和被破坏。其表现为整块的岩石变为碎块，或其成分发生变化，最终使坚硬的岩石变成松散的碎屑和土壤。矿物和岩石在地表条件下发生的机械碎裂和化学分解过程称为风化。由于风、水流及冰川等动力将风化作用的产物搬离原地的作用过程叫作剥蚀。

地表岩石在原地发生机械破碎而不改变其化学成分也不产生新矿物的作用称物理风化作用。如矿物岩石的热胀冷缩、冰劈作用、层裂和盐分结晶等作用均可使岩石由大块变成小块以至完全碎裂。化学风化作用是指地表岩石受

被侵蚀的岩石

到水、氧气和二氧化碳的作用而发生化学成分和矿物成分变化，并产生新矿物的作用。其主要通过溶解作用、水化作用、水解作用、碳酸化作用和氧化作用等方式进行。

虽然所有的岩石都会风化，但并不是都按同一条路径或同一个速率发生变化。经过长年累月对不同条件下风化岩石的观察，我们知道岩石特征、气候和地形条件是控制岩石风化的主要因素。不同的岩石具有不同的矿物组成和结构构造，不同矿物的溶解性差异很大。节理、层理和孔隙的分布状况和矿物的粒度，又决定了岩石的易碎性和表面积。风化速率的差异，可以从不同岩石类型的石碑上表现出来。如花岗岩石碑，其成分主要是硅酸盐矿物。这种石碑就能很好地抵御化学风化。而大理岩石碑则明显地容易遭受风化。

知识小链接

降雨量

从天空降落到地面上的雨水，未经蒸发、渗透、流失而在地面上积聚的水层深度，称为降雨量（以毫米为单位）。它可以直观地表示降雨的多少。

气候因素主要是通过气温、降雨量以及生物的繁殖状况而表现的。在温暖和潮湿的环境下，气温高，降雨量大，植物茂密，微生物活跃，化学风化作用速度快而充分，岩石的分解向纵深发展可形成巨厚的风化层。

在极地和沙漠地区，由于气候干冷，化学风化的作用不大，岩石易破碎为棱角状的碎屑。最典型的例子，是将矗立于干燥的埃及已35个世纪并保存完好的克列奥帕特拉花岗岩尖柱塔，搬移到空气污染严重的纽约城中心公园之后，仅过了75年就已面目全非。

地势的高度影响到气候：中低纬度的高山区山麓与山顶的温度、气候差别很大，其生物界面貌显著不同，因而风化作用也存在显著的差别。地势的起伏程度对于风化作用也具普遍意义：地势起伏大的山区，风化产物易被外力剥蚀而使基岩裸露，加速风化。山坡的方向涉及气候和日照强度，如山体的向阳坡日照强，雨水多，而山体的背阳坡可能常年冰雪不化，显然岩石的风化特点差别较大。

微生物

微生物是一切肉眼看不见或看不清的微小生物，个体微小，结构简单，通常要用光学显微镜和电子显微镜才能看清楚。微生物包括细菌、病毒、霉菌、酵母菌等。

剥蚀与风化作用在大自然中相辅相成，只有当岩石被风化后，才易被剥蚀。而当岩石被剥蚀后，才能露出新鲜的岩石，使之继续风化。风化产物的搬运是剥蚀作用的主要体现。当岩屑随着搬运介质，如风或水等流动时，会对地表、河床及湖岸带产生侵蚀。这样也就产生更多的碎屑，为沉积作用提供了物质条件。

岩石在日光、水分、生物和空气的作用下，逐渐地被破坏和分解为沙和泥土，称为风化作用。沙和泥土就是岩石风化后的产物。

石从何来

　　岩石是天然产出的具有稳定外型的矿物集合体，按照一定的方式结合而成。它是构成地壳和上地幔的物质基础。按成因分为岩浆岩、沉积岩和变质岩。其中岩浆岩是由高温熔融的岩浆在地表或地下冷凝所形成的岩石，也称火成岩或喷出岩。沉积岩是在地表条件下由风化作用、生物作用和火山作用的产物经水、空气和冰川等外力的搬运、沉积和成岩固结而形成的岩石；变质岩是由先成的岩浆岩、沉积岩或变质岩，由于其所处地质环境的改变经变质作用而形成的岩石。

历史上的水火之争

地球上存在着形形色色的岩石，有稀世之珍的各种宝石等，也有能燃烧、会发光的各种岩石；有供人们游览赏玩的奇石、怪石，也有毫不引人注目的铺路石、奠基石等。面对这些奇岩顽石，人们不禁发问：岩石是如何形成的呢？

1775 年，德国年轻的地质学家魏尔纳，根据化学家波义耳关于晶体从溶液中结晶出来的实验，提出了花岗岩和各种金属矿物都是从原始海水中结晶沉淀出来的理论。魏尔纳完全否认地球上存在火山作用，并把现代的火山活动解释为煤和硫黄燃烧后剩下来的灰烬。他在哈兹看到花岗岩时，认为这里的花岗岩是"山脉的核心"，是原始地壳，断然否认这种岩石与岩浆活动有任何关系。他的弟子们都拥护他的主张，于是形成了以魏尔纳为首的水成学派。水成派的主要论点：在地球生成的初期，地球表面全被滚烫的"原始海洋"所掩盖。溶解在这个原始海洋中的矿物质逐渐沉淀，从这些溶解物中最先分离出来的东西是一层很厚的花岗岩，随后又沉积了一层一层的结晶岩石。魏尔纳把结晶岩层和其下的花岗岩统称为"原始岩层"。他认为"原始岩层"是地球上最古老的岩石。他还认为，由于后来海水一次又一次下降，露出水平面的原始岩层，经过侵蚀又形成了沉积岩层。他把这些沉积岩层称为"过渡层"。他认为"过渡层"以上含有化石的地层，都是由"原始岩石"变化产生的东西。他硬说其中夹的玄武岩，是沉积物经过地下煤层燃烧形成的灰烬。

基本小知识

硫

硫是一种化学元素，在元素周期表中它的化学符号是 S。硫是一种常见的无味无嗅的非金属，纯的硫是黄色的晶体，又称作硫黄。在自然界中它经常以硫化物或硫酸盐的形式出现，但在火山地区纯的硫也在自然界出现。对所有的生物来说，硫都是一种重要的必不可少的元素，它是多种氨基酸的组成部分，因此是大多数蛋白质的组成部分。它主要被用在肥料中，也广泛地被用在火药、润滑剂、杀虫剂和抗真菌剂中。

由于水成派主张所有的岩石和矿物都是从水中形成的，这个观点完全迎合了圣经中的洪水说，因而得到了教会的支持，从而成为当时最主要的地质学派。

许多在火山地区工作的地质学家以大量事实验斥了水成派的观点。法国地质学家得马列，在法国中部一个采石场里，发现了黑色的典型的玄武岩。他一步步地追索这个玄武岩体，终于发现了喷出黑色的典型玄武岩的火山口。这一发现完全证明了玄武岩就是火山爆发出来的岩流。这个事实，给水成派以沉重的打击。当人们要和得马列争论时，得马列却不愿意和反对者争辩，他只是说：你去看看吧！

主张岩石是由火山作用形成的地质学家，被人们称为"火成派"。

当水成派与火成派的争论传到英国苏格兰南部的爱丁堡时，酷爱地质学的赫顿已经50岁了。他在综合了大量的地质资料以后，毅然参加了反对水成派的行列。由于他谦虚好学，待人诚恳，孜孜不倦地从事地质研究，所以深受大家敬重。在后来反对水成派的斗争中，赫顿成了火成派的领袖。

1785年，赫顿发现了花岗岩不是成层的，而是呈脉状产出的。由一个大岩体向外分支，并贯穿了上覆的黑色云母片岩和石灰岩，在接触处还引起了石灰岩的变质。这一发现，完全证明了花岗岩的形成时间比石灰岩等岩石要晚，花岗岩是岩浆侵入作用形成的。

为了进一步证明从熔浆中可以结晶出各种矿物晶体的科学道理，赫顿的朋友霍尔特意从意大利维苏威火山地区运来火山岩，把它放在铁厂的高炉中熔化，再让它慢慢冷却，结果成功地证明了赫顿的火成论

趣味点击　结晶

物质从液态或气态形成晶体，称为结晶。结晶的方法一般有两种：一种是蒸发溶剂法，它适用于温度对溶解度影响不大的物质。沿海地区"晒盐"就是利用的这种方法。另一种是冷却热饱和溶液法。此法适用于温度升高，溶解度也增加的物质。如北方地区的盐湖，夏天温度高，湖面上无晶体出现；每到冬季，气温降低，纯碱、芒硝等物质就从盐湖里析出来。在实验室里为获得较大的完整晶体，常使用缓慢降低温度和减慢结晶速率的方法。

是正确的。

1788 年，赫顿公开宣布了火成论的观点。他认为：由石英、长石等多种矿物结晶所组成的花岗岩，不可能是矿物质在水溶液中结晶出来的产物，而是高温下的熔化物质经过冷却结晶而成的物体。他还认为组成玄武岩的颗粒，大部分也是从熔化状态下逐渐冷却而结晶的产物。

当时，由于水成派借助于教会的势力，因此，火成派处于孤立地位。那时，赫顿连著作都无法刊印。1797 年，赫顿在一片围攻声中愤然去世。但火成派的其他志士仍高举旗帜坚持斗争。

后来，魏尔纳的大弟子布赫在法国和意大利的火山地区调查时，发现了火山岩的存在与煤层无关的事实。另一个大弟子洪堡德远渡重洋来到拉丁美洲，在厄瓜多尔首都附近的皮晋查火山口调查时，亲眼看着火山爆发，从此认识到了火山作用的重要性。他们二人对于水成派的反戈一击，就像一颗炸弹在水成派内部爆炸，使水成派瓦解了。

一度沉沦的火成派东山再起，赫顿的著作问世了。他们又活跃在学术领域。不过火成派在强调"火"的作用的同时，对"水"的作用并不否认。

历史上的水火之争，是水火不相容的。由于受科学水平的限制，两派的观点都不同程度地带有片面性。但是争论对于发展中的地质学来说，无疑是作出了一定贡献的，它使地质学向前推进了一步。

稀奇的岩浆湖

在非洲扎伊尔共和国的东部，耸立着一座雄伟的盾形山，海拔约 3470 米。当地人称它叫尼拉贡戈火山。"尼拉贡戈"在当地居民的语言中，是"不要到那里去"的意思。看过电影《火山禁地》的人，都会对尼拉贡戈火山留下深刻的印象。山的顶部，有一个直径约 1 千米的喷火口，好像巨大的深坑，四周布满了疏松的火山喷发物。就在这几百米深的坑底，有一个长 100 米，宽 300 米的岩浆湖，通红炽热的熔浆在湖中翻滚嘶鸣，仿佛是一炉沸腾的钢水，这是大自然的一种壮丽奇观。

美国夏威夷群岛上，基拉韦厄火山也有一个岩浆湖可与尼拉贡戈岩浆湖媲美。基拉韦厄也是一座盾形火山，海拔只有 1247 米，但它是直接从海底喷出的。如果把水下部分算进去，火山高度达 6000 多米。山顶上的火山口直径约 4024 米的椭圆形洼地，深度为 130 多米。在坑底的西南角，还有一个直径约 1000 米，深 400 米的圆形深坑，称为"哈里摩摩"，意思是"永恒的火焰之家"，这里长期存在着一个巨大的岩浆湖。

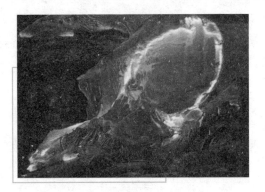

岩浆湖

尼拉贡戈与哈里摩摩岩浆湖的湖面时而升高，时而降低。当地壳深部的岩浆受挤压而上升，到接近地表时，岩浆湖湖面就升高，反之则降低或者消失。在哈里摩摩岩浆湖通道的顶部，通常塞着一段半固态的熔岩，而液态的岩浆就从下面沿着裂缝涌出，上面形成一个深十几米的岩浆湖，有时湖上还会出现高达几米的岩浆喷泉。

岩浆湖的表面经常会产生暗红色的结皮，好像浮在铁水上的炉渣，堆积起来好像一大捆扭曲着的绳子；结皮不时破坏成饼状，再倾倒沉入白热的岩浆中去。岩浆里所含的气体不断地向外逸散，在湖面上形成一个个飞溅着的气泡，并且继续燃烧，发出很美丽的黄绿色火焰。

地下深处蕴藏着的高温熔融物质，温度可达 1000℃。岩浆湖里的岩浆就是从这里挤出来的。过去有人认为岩浆呈圈状包围着整个地球。从最近的地球物理资料看来，岩浆只是局部地存在于地壳深处。由于地质时代漫长，所以把岩浆看成是短时期内生成的较为妥当。当岩浆喷出地表后，喷发物堆积成山，就称为火山。如

趣味点击　硫黄岛

硫黄岛是一座位于西太平洋小笠原群岛的火山岛，为日本的领土，行政区划隶属于东京都小笠原村。全岛南北长约 8 千米，东西最宽 4 千米，最窄的地方只有 800 米，面积不到 21 平方千米，因为岛上覆盖着一层由于火山喷发造成的硫黄而得名。

岩浆喷泉

果岩浆在地壳内固结，就形成侵入岩体。

据统计，当今世界上活动着的火山有 600 多座，它们平均每年向地球表面喷溢出体积约达 1 立方千米的岩浆物质。美国圣海伦斯火山自 1980 年 5 月到 1982 年 3 月，喷出的火山物质约达 427 亿立方米。通过对火山物质的研究，便知道岩浆的基本性质。岩浆的成分很复杂，主要的化学成分是硅酸盐类。在岩浆中，二氧化硅的含量最大，其次是三氧化二铝、氧化亚铁、氧化钙、氧化镁、氧化钠、氧化钾和水。此外，还含有大量的挥发成分和成矿金属元素。

地壳深部和上地幔的岩石发生熔融，或者局部熔融而形成岩浆时，它的体积将急剧增

拓展阅读

二氧化硅

二氧化硅又称硅石，在自然界分布很广，如石英、石英砂等。白色或无色，含铁量较高的呈淡黄色。不溶于水，微溶于酸，呈颗粒状时能和熔融碱类起作用。它一般用于制玻璃、陶器、搪瓷、耐火材料、硅铁、型沙、单质硅等。

大。因为地壳深部的内压力和温度都很高，如果地壳运动比较强烈，致使地壳发生断裂，从而出现局部压力降低的现象。此时，岩浆就必然沿着断裂带向上移动，上升到地壳上部，或喷溢出地面，这就好像高压水枪在高压下，水会从喷孔射出一样。

地壳深处的岩浆，也可以在

美国圣海伦斯火山爆发时的情景

向上运移的漫长道路上冷却凝固，形成各种各样的侵入岩体。最大的花岗岩体可达数千甚至上万平方千米。人们根据岩浆侵入的深度，分为深成侵入岩和浅成侵入岩两种。

火成岩是由硅酸盐矿物组成的。常见的矿物是长石、石英、黑云母、角闪石、橄榄石和辉石等。

研究火成岩对于认识地球深部的结构非常重要。大家知道，地球内部具有圈层和不均匀的特点，岩浆可从地球内部把各圈层的物质"捕虏"过来，带到地面上来，从而为研究地球内部物质提供了方便。

知识小链接

辉 石

辉石是一种重要的硅酸盐矿物，是辉石类矿物的总称，常在火成岩和变质岩中被发现。根据晶体结构的不同，辉石可被分为单斜辉石和斜方辉石两个亚族，前者属于单斜晶系，后者属于斜方晶系。辉石类矿物的共同特点是其晶体中含有硅氧四面体形成的单链结构。

▶ 沧海桑田话沉积

传说在东汉汉桓帝时，有一位神仙叫麻姑。他应道士王方平的邀请，降临蔡经家里。麻姑很年轻，看上去只有十八九岁的样子。王方平感到惊奇，便问她说："您多大年纪了？"麻姑没有直接回答，只是说："自从我下凡以来，已经三次看到东海变成桑田。这次我路过蓬莱，看见海水比过去又浅了一半，或许不久又要变为桑田吧！"

这本来是一个神话故事，记载在晋代葛洪编写的《神仙传》里。麻姑是虚构的人物，但麻姑所说的东海会变成桑田却说明海陆变迁的自然现象早为我们的祖先所觉察。

"沧桑之变"有时就发生在我们身边。例如，大约5000年以前，长江的入海口在江阴附近，距现今东海岸230千米，江阴东面的海域已变为大片的沃土良田了。因为河流携带着大量泥沙，每年足有四五亿吨流入海洋，日积月累，年复一年，使河流入海处的海底升高，原来是海的地方填平为陆地。著名的长江三角洲就是大自然赐给人类的美丽富饶的水乡泽国。我国第三大岛——崇明岛，面积约有 1083 平方千米，它就是长江泥沙填平了大海而占据的地盘，这是沧海变桑田最典型的例证。因此，麻姑看见东海三次变成陆地，也就不足为奇了。据科学家测算，长江三角洲每 40 年向海中伸展 1 千米，现在它仍在偷偷地"侵犯"海龙王的领地。黄河挟带入海的泥沙平均每年达16 亿吨。据考察，就在几万年前，海水曾直拍太行山脚，山东宣陵是海中的孤岛，黄河入海口在洛阳附近的旧孟津一带。后来，这一片沧海由黄河带来的泥沙冲积成了平原。而且黄河还多次改道，侵夺淮河和海河的入海道，所以黄河造成的三角洲面积也就更大了。它东北与河北省的滦河三角洲接壤，东南与江苏北部的海积平原连成一片。我国首都北京、重要工业城市天津以及历史上的许多古城，如洛阳、开封、安阳等都坐落在这个平原之上。

长江和黄河不仅可以作为沧桑之变的例证，而且也是流水对冲积物搬运和沉积的最好说明。

趣味点击　　鹦鹉螺

鹦鹉螺是海洋软体动物，共有七种，仅存于印度洋和太平洋海区，壳薄而轻，呈螺旋形盘卷，壳的表面呈白色或者乳白色，生长纹从壳的脐部辐射而出，平滑细密，多为红褐色。整个螺旋形外壳光滑如圆盘状，形似鹦鹉嘴，故此得名"鹦鹉螺"。鹦鹉螺已经在地球上经历了数亿年的演变，但其外形、习性等变化很小，被称作海洋中的"活化石"，在研究生物进化和古生物学等方面有很高的价值。

河流三角洲和海里的泥沙以及许许多多溶解在水中的物质是从哪里来的呢？原来，自然界的岩石无论多么坚硬，多么结实，在阳光雨水的长期作用下，必然会发生破坏，有的由整体岩石变成碎块，碎块由大变小，变成砂粒和泥土，有的被水溶解，变成溶液，这些物质可由流水、风和冰川等带到山麓、河岸、湖滨、海滩等适当场所，最后一层一层地沉积下来，再经过长期的压固、胶结，最后疏松的沉积物质就转变成坚硬的岩石了。因此说，沉积岩是经过风化、搬运、沉积和成岩作用四个阶段形成的。

将上述环境中形成的沉积岩与岩浆岩和变质岩比较，就可明显地看出沉积岩具有自己的特色。

含化石是沉积岩的特点之一。珠穆朗玛峰海拔 8000 多米，峰顶为距今 4.1 亿~5.15 亿年的早奥陶纪石灰岩地层，含三叶虫、鹦鹉螺等化石，在晚些时间的地层中发现鱼龙化石等。这些动植物化石怎么会在珠峰中的呢？原来在几亿年以前，那里是一片汪洋大海，海中生物繁盛。大海接受了周围流水带来的物质，在漫长的地质年代里不断地沉积下来，并逐渐硬结成为岩石，死亡的生物遗体被埋藏在其中保存下来，就形成了化石。后来，随着地壳强烈变动，海底不断上升，就形成了珠穆朗玛峰。沉积岩中的化石非常丰富，有中新世的蛇化石、鸟化石和玄武蛙化石。

沉积岩的第二个特点是具有明显的层理构造，如河北蓟县、河南林县和其他许多地区的沉积岩都呈层状产出。许多沉积岩在层面上还保存着当时由风、流水、海浪等形成的波浪、雨痕、泥裂、虫迹等。这些层面特征为我们研究沉积岩的生成环境提供了证据。

珠穆朗玛峰

沉积岩的第三个特点是具有典型的沉积物质，例如黏土矿物、石膏、硬石膏、磷酸盐矿物、有机质、方解石、白云石和部分菱铁矿等在沉积环境中形成的矿物。

沉积岩分布广泛，在我国广阔的土地上，沉积岩占 3/4。目前工农业生产的原料，如钾、磷、铁、锰、铝等有 90% 以上来自沉积岩；可燃性有机岩，如煤、石油、天然气和油页岩全都产在沉积岩里。特别值得重视的是：目前人们在沉积岩中还发现有大量的稀有元素、放射性元素以及铀、钍、钒、铜、铅、锌等其他矿产。

天星坠地能为石

陨　石

流星坠落到地球上，称为陨星或者陨石。

我国研究陨石的历史悠久。《春秋》一书中写道："僖公十六年……陨石于宋五，陨星也。"就是说，公元前 644 年，在宋国这个地方，天上掉下来五块石头，并肯定说这石头就是陨星。即"星坠至地，则石也"。

古代，希腊人已经知道，流星并不真的是星星，因为不论有多少流星坠落下来，天上的星星数目都不见减少。天文学家告诉我们，流星是宇宙中的一粒尘埃，其形状各式各样，"带有芒角"者更是屡见不鲜。大多数流星当坠落到大气层时，与空气摩擦开始燃烧，于是放出带有红色的光亮来，炸裂时带有响声。体积小的流星被烧成灰烬，大体积的流星燃烧后的残骸，落到地面上来就是陨石。

一般流星的坠落和自由落体情况相似，只不过在空气中受到氧化燃烧和气流的影响不同罢了。历史记载，流星坠落有几种情况：自上而下坠的，称作

广角镜

格陵兰

格陵兰是丹麦王国的海外自治领，领土大部分位于世界第一大岛——格陵兰岛上，面积 2166086 平方千米，大约 81% 都由冰雪覆盖。"格陵兰"这个名称的意思为"绿色土地"，曾是丹麦王国的海外属地与王国内的自治体，并在 2008 年的公投后决定逐渐走向独立之途，并在 2009 年正式改制成为一个内政独立但外交、国防与财政相关事务仍委由丹麦代管的过渡政体。格陵兰全境大部分处在北极圈内，气候寒冷，隔海峡与加拿大和冰岛两国相望。

"流"；在短距离内因受气流的影响自下而上飞驰的，称作"飞"。史学家们也常有"飞星"的记载。

到目前为止，在世界范围内收集到的陨石只有近 2000 块。其中超过一吨重的仅有 30 多块，最大的一颗重 60 吨，是 1920 年在西南非洲找到的，名叫"戈巴"，现在仍保留在被发现的原地。第二重的一块为 33.2 吨，是 1818 年在格陵兰岛上被发现的，现在陈列在纽约。第三重的一块是 1898 年在我国新疆准噶尔盆地东北部的青河县被发现的，重 30 吨，取名"银骆驼"，现在乌鲁木齐博物馆陈列。

石陨石

天文学家和地质学家对陨石进行了长期地研究，测得它的密度为 3～8 克/立方厘米，比地球外壳的密度大。按成分，陨石可分为三类，即铁陨石、石陨石和石铁陨石。

第一类，石陨石。主要由硅酸盐物质组成，完全是普通石头的模样。密度 3～3.5 克/立方厘米。石陨石内部往往散布着许多球状颗粒，最大的球粒像豌豆一样大，小的有绿豆大，最小的有芝麻大小，这叫做球粒结构。据考古发现，欧洲旧石器时代的古罗马农民曾利用陨石来作石器；菲律宾、马来西亚新石器时代人，也曾用陨石来制作石器。

第二类，铁陨石。这种陨石主要由金属铁和镍组成，含铁 90%、镍 8%。人们从古埃及和美索不达米亚等地发掘出来的铁锤是铁镍合金，而且含有少量的钴。显然，它是用天然合金——陨铁制成的。

第三类，石铁陨石。含有氧化铁和钠、钙、铝、铜等元素，其外

铁陨石

表像石头和铁的混合体。在这类陨石中，硅酸盐物质和铁镍物质的含量差不多，形态各异。其中，有一种"橄榄陨铁"，它像一块铁海绵，中间的空洞被圆形或多角形的玻璃状石质颗粒矿物所充填。另一种叫"中陨铁"，它的本身是石质硅酸盐物质。

坠落到地面上的三种陨石，以石陨石的数量最多，约占93%；铁陨石比较少见，约占5.5%；石铁陨石最少，约占1.5%。但博物馆中所收藏的多半是铁陨石，因为铁陨石是金属块，容易被人们认识，而石陨石却经常被人错认为是普通石头，不予重视。

拓展阅读

氨基酸

氨基酸是构成蛋白质的基本单位，赋予蛋白质特定的分子结构形态，使它的分子具有生化活性。人体能消化吸收以及利用的氨基酸只有20种。其中有9种氨基酸在成人体内不能合成或合成速度不能满足机体的需要，必须从膳食补充。它们称为必需氨基酸，即亮氨酸、异亮氨酸、缬氨酸、甲硫氨酸、苯丙氨酸、色氨酸、苏氨酸、赖氨酸和组氨酸。其他13种非必需氨基酸可以用葡萄糖或是别的矿物质来源制造。

陨石是我们可以拿到手的天体物质，是从天上"摘"下来的星星，也是送上门来的天然史料。因此，陨石是珍贵的宇宙来客。它不仅为人们带来许多宇宙的信息，并且为许多自然科学研究领域提供了不可多得的情报。因此，它引起了天文学家、地质学家和冶金学家的兴趣，也引起了研究宇宙和太阳系起源问题的宇宙论学者的重视。

到月宫去考察

古往今来，每逢中秋佳节，那夜空高悬的皓月，不知引起人们多少神奇的猜想，也不知触发过多少人的情思。人们凭着美妙的幻想，编出许多动听的故事，描绘出像嫦娥、吴刚、月下老人、广寒宫、桂树、玉兔等人和物的形象，表达人们对神秘莫测的月球的向往。近来，随着科学技术的发展，人们不但可

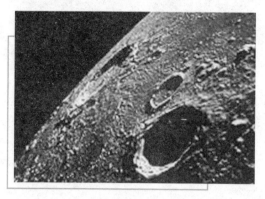

月面环形山

以用望远镜观察月球，还能到月球上去旅行和考察。

1967 年 7 月，两名美国宇航员乘坐的阿波罗宇宙飞船在月球上安全着陆。他们走出船舱，向周围瞭望：啊，好宽阔的月面！古人爱把月球比喻成明镜、水晶盘，给人以小巧玲珑的印象。然而，实际上的月球却是一个由岩石组成的大球体。

月球上面一片荒凉。那里峰峦叠嶂，沟壑纵横。我们所看到的月球上的明暗现象，就是这些高山平原的反映。其中，最引人注目的是那些大大小小的、数以万计的环形山。科学家们认为，它们是火山爆发的火山口，或者是陨石撞击月面形成的凹穴。

科学家们形容月球是一个"盛着小包熔岩的硅酸盐密封坩埚"。月球构造大致可以分为三层：最外层是月壳，厚度为 40～45 千米；中间是月幔，上层月幔厚约 240 千米，中间月幔厚达 480 千米以上，这二层均为固态，但具可塑性，内层月幔处于局部熔融状态；中心部分是月核，它的温度约 1000℃，远不如地核那么热（地核温度为 5000℃～6000℃），可能由熔融物质构成。

宇航员在月球上考察得知，月面上铺满了厚厚的一层土壤和灰尘，人们称它为月壤和月尘。月壤平均厚约 4 米，由凝聚性很弱的碎片物质组成。月壤的形成主要是陨石撞击月球和火山作用的结果。从化学成分来说，月壤的特点是含镍和锆很高，二氧化钛的含量较低。月壤的颜色为红色、褐色、绿色和黄色。月尘的直径小于 1 毫米，一般为 30 微米到 1 毫米，含有玻璃碎片、斜长石、单斜辉石、钛铁矿、橄榄石、陨硫铁、自然铁碎片和直径小于 1 毫米的球状镍铁。月尘的颜色与月壤相近，多为红、褐、绿和黄色。

月岩的矿物学和岩石学研究表明，月球岩石与地球岩石有许多相似之处，但月岩全是火成岩，没有沉积岩和变质岩。月球岩石类型可分为月海玄武岩、含有放射性元素的非月海玄武岩、高地岩石（由辉长岩、紫苏辉长岩、斜长岩组成）等五种主要岩石。

有关岩石的名词术语

　　人类对地球的研究最直接的方法便是研究岩石。从古至今，随着人们对这些熟悉的岩石逐渐深入地了解，岩石学便诞生了。岩石学主要研究岩石的物质成分、结构、构造、分类命名、形成条件、分布规律、成矿关系以及岩石的演化过程等。它是地质科学中的重要的基础学科。面对各种各样的形态各异的岩石样本，我们首先要做的就是给他们取名定性。关于岩石的名词术语组成了一个庞大的词汇库，值得我们去学习。

▶ 岩石圈

　　岩石圈是地壳和地幔顶部的坚硬岩石部分。厚度约 50 ~ 150 千米。为地球坚硬的表层，虽然外表僵硬，但它在运动中却显示出力量和生机。现在地球上海洋和陆地的位置并不是固定的，有人利用电子计算机把七大洲像拼七巧板一样，拼合得天衣无缝。20 世纪初，德国科学家魏格纳认为：大约在 2 亿年前，地球上只有一个大洋，所有大陆也都连成一片，后来被裂缝分开，才分离出今天的大洲和大洋。到 20 世纪 50 年代后期，由于人们对地球构造的研究从陆地深入到海洋，经过各种调查，了解到世界各地的巨大山脉大多是由海底隆起而形成的，组成这些山脉的岩石厚度已超过 1 万米。薄薄的地壳具有隔热功能，使地核和地幔的热量聚在地幔的上部界面附近，把岩石形成炽热的岩浆，通过海洋中脊朝地面上挤，正是这种力量导致地球表面像巨大的拼板那样来回移动。

▶ 万卷书

　　万卷书是重重叠叠的薄层岩石，它们的颜色黑白相间，层次分明，平卧在山野，从侧面望去，宛如横放在地上的一沓书页。中国山东省临朐县山旺这个地方，就有一部举世闻名的大自然的巨著——山旺"万卷书"。原来，在 1000 多万年前，这里是一个水平如镜的湖泊，一种形体微小的硅藻繁殖得特别茂盛，夏天硅藻死亡少，而且死后容易分解不易保存下来；冬天水枯，泥沙减少，死亡的硅藻、凋落的树叶等有机物质大大增多，有利于有机质在沉积

山旺"万卷书"

物中保存下来。夏天形成的色浅，冬天形成的色暗，层次分明又比较薄，看起来就很像书页了。中国许多地方都有像这样的"万卷书"。其中贵州省梵净山自然保护区的许多"万卷书"，层理清晰，其薄如纸，平正地铺叠在大地上，加以许多竖向节理切割，构成凌空垒叠的"万卷书"奇观。不仅造型奇特，而且给人以丰富的联想。

▶ 走　向

走向是地质体在地面上的延伸方向。根据不同的构造面，分别称为岩层面走向、断层面走向、节理面走向、褶皱轴面走向等，山脉的走向也就是山脊线的方向。走向可以用罗盘测定。如果山或谷两翼地层的走向是平行的，那么两翼地层在沿走向延长的方向上是永不相交的。如果两翼地层走向不平行，那么一定会在一个方向合拢，而在另一个方向散开。杭州南高峰和玉皇山之间的青龙山，它的两翼岩层走向是不平行的，所以青龙山的两翼岩层在东北方向慢慢合拢，并且向西湖方向倾伏。山区的公路和铁路的路基常常沿岩层的走向盘山而筑，连中国古代修建的雄伟的万里长城与岩层的走向也是一致的。

▶ 倾　向

倾向是指地质构造面由高处指向低处的方向。它与走向垂直，可以用层面上与走向线相垂直并沿斜面向下的一条倾斜线在水平面上的投影所指的方向来表示。所以在野外测定产状要素时，往往只要记录倾向和倾角就可以了。在有的工程建设中必须了解岩层的倾向，例如，蓄水库要求岩层的倾向是向着蓄水库的，这样水库就不会漏水。若岩层的倾向相反，而且地层中又是易于透水或溶蚀的岩层，水库就不可避免要漏水。

倾　角

倾角是岩层层面与水平面所成的夹角，用来表示岩层倾斜的程度。它用层面上与走向线直交的倾斜线和水平面的夹角来表示。我们常见野外弯曲的岩层倾角是不对称的，例如，杭州飞来峰东南翼岩层较西北翼岩层倾角大，青龙山两翼的倾角也是不对称的。当岩层倾角大于45°时，岩层表现为极陡峻的倾向，有的甚至为直立的岩层，表明这些岩层的埋藏条件受到很大的破坏。如果岩层成分又含有黏质岩石，人们应该注意这些岩层可能会滑落崩塌，不能在这里修筑重要的建筑物。

褶　皱

褶皱是岩层产生像波浪一样弯曲的现象。把一块布摊平在桌面上，用手从两边向中间一挤，就会看到波浪般的弯曲。同样的道理，强烈的地壳运动会使水平岩层产生褶皱。这种弯曲叫作"褶曲"，可以分为向上拱起的背斜和向下拗曲的向斜。褶皱是地表形态的基础，褶皱大时，会形成峰峦起伏的山脉，世界上许多高山都是褶皱山脉，如亚洲的喜马拉雅山脉和欧洲的阿尔卑斯山脉都是褶皱山脉。如果你留心注意采石场、公路或者山崖的岩壁，有时会发现弯曲的岩层，这是规模较小的

拓展阅读

阿尔卑斯山

阿尔卑斯山是一座位于欧洲中心的山脉。它覆盖了意大利北部边界、法国东南部、瑞士、列支敦士登、奥地利、德国南部及斯洛文尼亚。它可以被细分为三个部分：从地中海到勃朗峰的西阿尔卑斯山，从奥斯特谷到布勒内山口的中阿尔卑斯山，从布勒内山口到斯洛文尼亚的东阿尔卑斯山。

褶皱。

◎背　斜

背斜是岩层向上凸起的褶曲。在岩层沉积形成的过程中，总是老的岩层在下，新的岩层在上，所以向上凸起之后，老的就在中间，新的则分列在像屋顶似的两翼上了。如果背斜出露地表，而且没有受到剥蚀破坏，我们只要看它的形态就能认出它来。但是在外力作用的长期侵蚀下，其形态往往会遭受破坏，那么就只能根据新的岩层在两翼，老的岩层在中间的标志来辨认了。判别岩层的背斜在生产建设中很有意义，譬如我们在地表发现了两处煤层的露头，它们向外倾斜，如果简单地把它认为是向斜，以为地下煤层会相连，这就错了。有可能它的中间是老岩层，而两边倒是新岩层，是一个被剥蚀的背斜，地底下的煤层不会相连。如果贸然往下打井，不仅找不到煤层，而且会浪费精力和物力。

◎向　斜

向斜是岩层向下凹进的褶曲。从岩层的新老关系排列来看，中心部分岩层较新，而两翼岩层则越来越老。在野外，我们可以根据这个规律来辨认，当你站在杭州飞来峰南面公园的草坪上眺望飞来峰，可以见到那里的石灰岩的形态是一层一层向下弯曲着，这就是飞来峰向斜层。假如我们从天马山向西北走，穿过飞来峰直奔北高峰，在路上首先会看到时代较老的砂岩，中途会看到时代较新的飞来蜂石灰岩，最后又出现了年代较老的砂岩。但是在长期的外力侵蚀作用下，由于岩层遭到不同程度的破坏，改变了地形的原貌，也会出现背斜成谷、向斜反而成山的地形倒置的现象。一般认为，在向斜地区建设水库有利于蓄水。

断　裂

断裂是岩石承受不了所受到的作用力时产生的破裂。岩石有弹性，受力时会像橡皮筋那样改变形态。外力解除后，就能恢复原状，不过它的弹性不

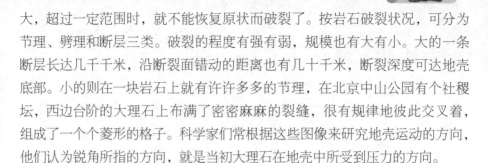

大，超过一定范围时，就不能恢复原状而破裂了。按岩石破裂状况，可分为节理、劈理和断层三类。破裂的程度有强有弱，规模也有大有小。大的一条断层长达几千千米，沿断裂面错动的距离也有几十千米，断裂深度可达地壳底部。小的则在一块岩石上就有许许多多的节理，在北京中山公园有个社稷坛，西边台阶的大理石上布满了密密麻麻的裂缝，很有规律地彼此交叉着，组成了一个个菱形的格子。科学家们常根据这些图像来研究地壳运动的方向，他们认为锐角所指的方向，就是当初大理石在地壳中所受到压力的方向。

◎ 节 理

节理是岩石断裂的一种形式。和断层不同，它的破裂面两侧的岩石没有明显的相对移动。几乎所有的岩石中都有节理，多半成群出现，大小不一，

疏密不足，有的相互平行，有的纵横交错。节理往往是岩石较薄弱的地方，长期的外力作用会使它风化剥蚀掉，犹如经过鬼斧神工的雕琢切削，形成令人叹为观止的奇景。有的像插在地上的一炷巨香；有的如地底冒出的巨笋直指青天；有的成了巨石相夹的石缝，抬头只能望见一线天空；有的变为悬石危岩中的羊肠小道。富含节理的岩层有利

节 理

于地下水的运动和聚集，常会出露泉水和瀑布。节理多的岩石容易破碎，所以在修筑隧道、矿井、坑道等地下工程前，必须先对节理状况做详细地调查，以防可能引起的破坏作用。

◎ 断 层

断层是指沿着断裂面（带），两侧的岩层发生明显的上下或左右移动的一种断裂。断裂面称为"断层面"，两侧的岩块称为"盘"。如果断层面是倾斜的，在断层面上面的一盘称"上盘"，下面的一盘称"下盘"。如果断层面是直立的，往往以方向来说明，如东盘或西盘，左盘或右盘。根据断层的两盘

相对移动的状况可分为正断层、逆断层和平移断层。断层规模大小不等，1976 年唐山发生地震后，我们在那里可看到，原来平坦的道路变得坎坷不平，上下错动 60～70 厘米，水平方向的错距更大，达到 120 厘米，甚至 250 厘米，使林荫道旁原来排成一列的树木，被断裂错开成为不连续的两行。两侧岩层垂直错动最大的一次，要数 1899 年在美国阿拉斯加大地震中所创的 141 米的纪录。断层同样存在于海底，如东太平洋海底高原被东西方向的十几个断层分隔开来，这些断层各自向东西方向延伸了 1600 千米。断层会形成奇特的景观，如由于秦岭上升而形成的华山，就是一座以险峻闻名于世的断层山，而下降的一侧由流水带来泥沙充填，造成了八百里秦川的沃野。在我国台湾东海岸，雄伟的海岸悬崖也是大断层创造的奇迹。不过断层也会带来危害，它是导致地震的重要原因，所以工程建筑及水利建设时必须考虑断层这个因素。

正断层

正断层是断层的上盘沿着断层面相对下降，下盘相对上升的断层。断层面倾角较陡，通常在 45°以上。正断层形成时岩层沿着地壳的裂缝发生错动，于是地层的水平距离被拉长了。在地形上，有的形成平直的陡崖，有的沿断层线常表现为河谷、冲沟，有的出现泉和湖泊等。在自然界，断层往往成群出现，一般两条或两组正断层之间的岩块相对下降，两边岩块相对上升。相对下降的岩块叫做地堑，它常形成狭长的凹陷地带，如东非大裂谷、欧洲的莱茵河谷、中国陕西省的渭河谷地和山西省的汾河谷地。一般两条或两组正断层之间的岩块相对上升，两边岩块相对下降。相对上升的岩块叫做地垒，它常形成块状山地，如天山、阿尔泰山、庐山、泰山等。

广角镜

东非大裂谷

东非大裂谷，位于非洲东部，是一个在 3500 万年前由非洲板块的地壳运动所形成的地理奇观。其所形成的生态、地理和人类文化都相当独特，目前观光的主要景点由肯尼亚进入。东非大裂谷的整个形状可画成不规则三角形，最深达 2000 米，宽约 30～100 千米，全长约 6000 千米，是世界最长的不连续谷。

逆断层

逆断层是上盘沿着断层面相对向上，下盘相对下降的断层。这种挪动岩层的现象是怎样形成的呢？它与水平挤压运动有关。当岩层两侧受到强烈的挤压发生褶皱，而且使向斜和背斜中间产生裂缝时，一侧岩层沿断裂面推进，覆盖在另一侧岩层之上，然后出现了岩层上盘掩盖着下盘的现象，使年代老的岩层，覆盖在年代较新的岩层上，于是地层的水平距离也有了显著缩短。循岩层断裂带，岩浆活动、含矿熔液乘隙而入，形成金属矿床。逆断层与金属矿床的形状和位置有很大关系，当金属矿床被切断时，矿床似乎突然消失，如果掌握了断层的性质和断开的距离，就可以判断矿床的去向，继续开采。

造山运动

造山运动是由水平方向的压力把地层褶皱成山并造成断裂的运动。产生褶皱和断裂的运动可以是迅速和剧烈的，也可以是缓慢而长期的。在世界地图上，一眼可见从地中海西端的直布罗陀海峡的两侧到印度半岛的北部，是地球上山脉绵延、群峰林立的地带。为什么这么多的世界高峰会云集在这一带呢？原来这一带本是浩瀚的海洋，陆地上的泥沙随着流水进入海里，于是在海底出现了沉积层，不断沉积的泥沙把里面的水分挤了出来，变成了坚硬的岩石。巨大的重量使沉积层底部受到了强大的压力，同时地球内部又传来大量的热量，如果这时沉积层两侧的大陆被地球内部的对流推动而产生挤压，就会像老虎钳夹东西一样形成巨大的力量，于是沉积层就会隆出地面变成山脉，阿尔卑斯山脉和喜马拉雅山脉就是这样形成的。环绕太平洋的地区是地球上另一个高山云集的地方，这两个大造山带都是由距今 15 亿年前开始，一直持续到现在的造山运动形成的。

知识小链接

直布罗陀海峡

　　直布罗陀海峡是位于西班牙与摩洛哥之间，分隔大西洋与地中海的海峡。其名取自西班牙南部的半岛直布罗陀。海峡水深约 300 米，最窄处宽约 13 千米。修建直布罗陀海峡通道的计划早在 1970 年代末提出。1979 年 6 月，西班牙和摩洛哥两国国王在摩洛哥的非斯会晤，达成了协议，研究通道可行与否。1980 年 10 月，双方签署了相关的科技合作协定。

▶ 喜马拉雅运动

　　喜马拉雅运动简称"喜山运动"。它是发生于距今 7000 万年～300 万年的一次造山运动。这次运动使整个古地中海发生了强烈的褶皱，地球上出现了横贯东西的巨大山脉，其中包括北非的阿特拉斯，欧洲的比利牛斯、阿尔卑斯、喀尔巴阡以及向东延伸的高加索和喜马拉雅山脉，它们是世界上最年轻的褶皱山脉，至今还保持着高峻雄伟的姿态。环太平洋的北美海岸山脉、南美安第斯山脉以及西伯利亚的堪察加半岛、日本、中国台湾、菲律宾、印度尼西亚、新西兰等地也在这时升起。这些都是地壳的最新褶皱带，这些地区也是现代火山和地震活动最为频繁的地区。喜马拉雅运动之后，中国境内的海陆分布和山川形势已基本与现代相似。

拓展阅读

西伯利亚

　　西伯利亚是俄罗斯及哈萨克斯坦北部的一片非常大的地域，占有整个北亚，面积约 1310 万平方千米。西伯利亚的范围西至乌拉尔山脉，东至太平洋，北至北冰洋，南至哈萨克斯坦的中北部以及蒙古和中国的边境。整个地域除了西南部分属于哈萨克斯坦以外，其余的都属于俄罗斯联邦，并占据了其 75% 的领土。

 板块运动

板块运动指岩石圈分裂为板块的运动。这是科学家在大陆漂移和海底扩张的基础上提出的看法。岩石圈不是完整的一层坚硬外壳，而是由一块块板块构成的，它们像木块浮在水面上一样漂浮在软流层上面。粗略地可分为太平洋板块、亚欧板块、美洲板块、印度洋板块、非洲板块和南极洲板块等六大块。随着软流层的运动，各个板块也发生水平运动。它们可以相互分开、聚合、移动。板块运动会激起地震和火山活动，会造海建山，改变地球的外貌。例如，地球上本没有大西洋，大约在 2 亿年前，非洲、欧洲和美洲之间出现了裂缝，板块分开，裂缝便扩大为 S 形的大西洋，原来是欧洲大陆一部分的英国，也在这个运动中分离成和欧洲大陆隔海相望的岛屿。

火 山

火山是地球内部炽热的岩浆，沿着地壳裂缝所形成的通道冲出地表时，喷出的熔岩和碎屑在火山口及四周堆积而成的山丘或高地。按它的爆发时间可分为活火山、休眠火山和死火山。有的火山喷发时，地球表面像被炸开了一个天窗，炽热的岩浆、水蒸气及其他气体冲入天际，腾起熊熊火陷，辉煌夺目；还有的火山喷发时，炽热的岩浆涌出地表顺坡流下，像火龙蜿蜒一样，景象十分壮观。世界上最猛烈、破坏性最大的一次火山喷发是发生在公元前 1470 年爱琴海的桑托林岛火山，这次喷发激起了 50 多米高的海浪，摧毁了约 130 千米以

火山喷发

外克里特岛上的城市。火山喷发会给人类带来巨大的灾难，如破坏地表、冲毁建筑、堵塞河流、污染环境等；但也会给人类提供不可估量的益处，如火山灰肥力极高，有利于种植业的发展，火山活动地区常有丰富的金属、硫黄和地热资源，火山喷发物又是一种重要的建筑材料，有的火山分布地区还被辟为游览疗养区。

◎ 熔岩流

熔岩流是火山爆发时的液态喷发物。熔融状态时的熔岩，就像炼钢炉中的钢水，它的温度一般在 1100℃ 左右，最高可以达到 1300℃。温度高、流动性强的熔岩自火山口溢出地面，像火山口伸出的一条巨大舌头不断地向前伸展，当熔岩来源充足、地势适宜时，熔岩的流动范围会很广很远。例如，1783 年冰岛拉基火山喷发时，喷出的熔岩体积在 12 立方千米以上，被熔岩流所覆盖的面积约为 565 平方千米，熔岩流长达 70 千米，犹如一条条长长的火河奔流而下。熔岩流的速度一般为 15 千米/时，除与熔岩的成分、性质和温度有关外，还受到地形的影响。随着温度降低，以及所含气体的逐渐散失，熔岩流速度便要减慢，直到停止。

拓展阅读

地 热

地热是从地壳抽取的天然热能，这种能量来自地球内部的熔岩，并以热力形式存在，是引致火山爆发及地震的能量。地球内部的温度高达 7000℃，而在 80～100 千米的深度处，温度会降至 650℃～1200℃。透过地下水的流动和熔岩涌至离地面 1～5 千米的地壳，热力得以被转送至较接近地面的地方。高温的熔岩将附近的地下水加热，这些加热了的水最终会渗出地面。运用地热能最简单和最合乎成本效益的方法，就是直接取用这些热源，并抽取其能量。

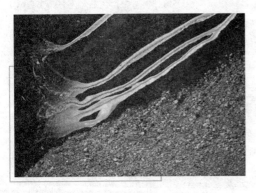

熔岩流

如熔岩温度高、地形坡度陡时，其流速也就快，如果流入河谷中，受河床的约束，还会加快流动，曾有过45～65千米/时的纪录。熔岩流凝结后在地面形成特殊的形态，如绳状、块状、枕状以及熔岩钟乳等千姿百态的自然景象。

◎ 熔岩湖

熔岩湖在火山口或破火山口的洼地中，蓄积的不是一般的水，而是聚集了能长期保持液态、高温熔融的岩浆。它下连火山通道，四周有凝固的熔岩堤坝，在火山活动时，湖面升高，熔岩可越过堤坝，向外溢出，甚至向空中喷起。这种熔岩湖多数都是由流动性强的基性熔岩构成，面积时大时小。世界上最典型、最活跃的熔岩湖是夏威夷岛基拉韦厄火山和刚果民主共和国尼拉贡戈火山的火山熔岩湖。尼拉贡戈火山坐落在非洲中部著名的维龙加火山群中，海拔约3470米。20世纪以来，火山活动频繁，

> **趣味点击　尼拉贡戈火山**
>
> 尼拉贡戈火山是刚果民主共和国境内的火山之一，地处东非大裂谷，毗邻乌干达和卢旺达，是非洲最危险的火山之一。其火山口里有一个熔岩湖，不同时期，熔岩湖的海拔差别很大。1977年1月，喷发前的熔岩湖海拔约3250米，深度约600米。现在熔岩湖的海拔则非常低，约2700米。

在火山顶上的熔岩湖中熔融的岩浆翻滚，湖面像一弯新月，长约400米、宽约100米，火山活动时，湖面温度可达1200℃，并不断升起一股股灰白色的烟柱。因此，山顶终年被浓密的火山烟雾笼罩着。1972年和1975年，这个熔岩湖曾两次溢出和喷发，在相隔100多千米的地方，就可以看到喷发的壮丽景色。

➡ 露 头

露头是地下岩体、地层和矿床等露出地表的部分。那些由于地质作用（如地壳变动、风和水流的侵蚀等）而露出地表的，叫做天然露头。例如山区峡谷两边的陡崖峭壁、江河边的岸壁等；那些由于人为的作用（如开山、筑

路等）而露出地表的，叫做人工露头，如隧洞的四壁、采石场的采石面和公路、铁道的路堑两壁等。露头越新鲜，就越能清楚地反映地下岩体、地层等的情况。一般说来，人工露头要比天然露头新鲜，但是人工露头的规模要比天然露头小。在野外地质观察中，通过露头可以了解岩体的岩石性质；可以测量地层的产状，掌握地壳变动的情况；还可以在露头中寻找化石，从而判断地层的地质年代等。如果发现露头中含有有用矿物，还可以推知地壳深处的矿产种类和蕴藏情况，为开发地下矿藏提供有力的证据。

◀ 化　石

　　化石是保存在地层中的古代生物的遗体、遗迹和遗物的总称。一般认为，大部分生物死后，遗体不是被其他动物吃掉，就是被细菌分解腐烂掉，那些坚硬的骨骼、介壳之类也会遭到风吹、雨淋、日晒而变成粉末，随风吹走或被流水带走。只有那些死后迅速被泥沙掩埋，并且和空气隔绝的生物遗体，经过其他矿物质置换等石化作用，才能慢慢形成化石。按照化石的保存特点可以分为实体化石、印模化石和遗迹化石三种。化石是古代生物存在的证据。根据生物由低级到高级、由简单到复杂的演化规律，化石又可以帮助人们来确定地层形成的年代，作为划分地层地质年代的主要根据。

◎ 标准化石

　　标准化石是地质学里用来确定地层生成年代和环境的化石。什么样的化石才能成为标准化石呢？首先，形成化石的生物在地质历史上生活的时间必须短些，如三叶虫只生活在古生代的早期，纺锤蜓只生活在古生代的晚期，那么只要在地层里找到它们的化石，就可以知道这段地层的形成年代。其次，这些

化　石

生物在当时应该很繁盛，分布的范围比较广阔，这样才可能在许多地方都形成化石，人们可以比较容易找到它们。在不同的地区和不同岩石性质的地层中，只要发现同一种标准化石，就可以认为它们是在同一时代形成的。在用放射性同位素来测定地层年龄之前，主要就是用标准化石来确定地层年代的。

◎ 三叶虫化石

三叶虫化石

三叶虫是早已灭绝的和现代小龙虾有关系的古生代节肢动物。现在只能见到它的化石。它像一片椭圆的树叶，横分为头、尾和身体三部分，身体两侧对称，背部中央两条纵向背沟组成轴叶，两边为两个侧叶，所以叫作"三叶虫"。它们大多数聚集在海底游移生活，在整个古生代中它经历了兴起、繁盛、衰落、残余和绝灭等过程，所以三叶虫化石是早古生代的标准化石。如果再仔细研究它不同的种类，还可以区分出究竟是古生代中哪个纪的产物呢！

中国三叶虫化石非常丰富，明代曾有人在山东大汶口捡到一块35厘米左右大的石块，石头上有近百个"蝙蝠"，有的如振翅飞翔，有的似卧在石上，连翅膀和肌肉都好像看得很清楚，他把这块石头做成一方砚台，叫它为"多蝠砚"。1914

拓展阅读

节肢动物

节肢动物，也称"节足动物"。动物界中种类最多的一门。身体左右对称，由多数结构与功能各不相同的体节构成，一般可分头、胸、腹三部，但有些种类头、胸两部愈合为头胸部，有些种类胸部与腹部未分化。体表被有坚厚的几丁质外骨骼。附肢分节。除自生生活的外，也有寄生的种类。包括甲壳纲、三叶虫纲、肢口纲、蛛形纲、原气管纲、多足纲和昆虫纲等。

年地质学家章鸿钊先生在大汶口看到当地许多人在开采"蝙蝠石"，于是就带了些标本进行研究，原来这些"蝙蝠"是一种三叶虫——潘氏镰尾虫的尾部化石，两侧有两根粗壮的大刺分别向后伸展，就像蝙蝠的翅膀，而尾轴由于化石模糊不清，看上去像蝙蝠的身躯，从此揭开了"蝙蝠石"之谜。不过为纪念山东一带古代劳动人民对这个化石的最早认识，人们仍叫它为"蝙蝠石"。

◎ 原始鱼化石

原始鱼是最早出现的脊椎动物。现在见到最早的是奥陶纪时期的无颌类的星甲鱼化石，它们的口腔没有骨头，身体上披着厚重的骨片，外表像鱼形，是鱼类的祖先。到了志留纪时期才成为有口腔有骨头的真正的有颌类鱼。泥盆纪时期，鱼类繁盛起来，种类和数量都很多，是当时最高等、最普遍的动物，不过这些鱼大多数都披着甲壳，像古代的武士身穿铠甲一样，人们把它们统称为"甲胄鱼类"。鱼化石在各个地质时期都有，中国南方泥盆纪的头甲鱼化石分布很广，新疆、江苏、浙江等地还发现了二叠纪的鳕鱼化石等。

基本小知识

泥盆纪

泥盆纪（距今 4 亿—3.6 亿年前）是晚古生代的第一个纪，从距今 4 亿年前开始，延续了 4000 万年。由于早古生代加里东运动影响的结果，同时，从泥盆纪开始，地球又开始发生了海西运动。因此，泥盆纪时许多地区升起，露出海面成为陆地，古地理面貌与早古生代相比有很大的变化。在泥盆纪里蕨类植物繁盛，昆虫和两栖类兴起；脊椎动物进入飞跃发展时期，鱼形动物数量和种类增多，现代鱼类——硬骨鱼开始发展。泥盆纪常被称为"鱼类时代"。

矿物与岩石

　　矿物是由地质作用所形成的天然单质或化合物。它们具有相对固定的化学成分，呈固态者还具有确定的内部结构；它们在一定的物理化学条件范围内稳定，是组成岩石和矿石的基本单元。绝对的纯净物是不存在的，所以这里的纯净物是指化学成分相对单一的物质。

地壳化学成分

地壳中各种各样的物质，是由 90 多种自然存在的化学元素以不同的方式组成的。其中含量最多的是氧，约占地壳总重量的一半；其次是硅，约占 1/4 多；第三位是铝；第四位是铁。它们所组成的金属在人类生活中占有重要地位，几乎到处都可以见到。接下去是钙、钠、钾、镁，是土壤中营养成分的主要组成部分。这八种元素加在一起，占了地壳总重量的 97.13%，其余 80 多种元素的总重量还不到 3%。许多重要的金属元素在地壳中的含量很少，如铜只占 0.01%，金占 0.0000005%，但是在一定的地质作用下，它们可以在一定的地方聚集起来，形成有价值的矿产。地球中地壳是人类可以直接研究和利用的部分，掌握地壳的化学成分，对人类的生存和发展具有很重要的意义。

矿 物

矿物是组成地球上所有的岩石、矿石和土壤的基础物质。现在已发现的矿物约 3000 种，常见的只有 50～60 种。它们大多为固态的，只有很少部分是液态和气态的，像石油、水银是液态的，天然气是气态的。不同的矿物在外形和性质上是不同的，一般把矿物分为金属矿物和非金属矿物。从矿物的颜色、硬度、光泽、气味等特性，可以把它们区分出来。例如，铁矿是黑色的，而辰砂是红色的；金刚石硬得可以刻动玻璃，而滑石却可被指甲刻出痕迹；黄铁矿有耀眼的金属光泽，而石盐有玻璃光泽。

你知道吗

密 度

在物理学中，把某种物质单位体积的质量叫做这种物质的密度。符号 ρ（读作 róu）。

自然金

自然金是自然界密度较大的矿物之一，约是同样大的一块铁的重量的 2.4 倍，比常见的石头重 6 倍多。外表黄灿灿、光闪闪的。一般以不规则的小颗粒出现。偶然也有较大的块体。它被称为"百金之王"、金属中的"贵族"，是国际通用的货币。用它做成的各种装饰品，价值同样十分昂贵。自然金可分为脉金和沙金两种，脉金多分布在地壳有断裂的地方。当这些地方的金属矿石被风化破碎后，常与泥沙一道被流水

自然金

冲到别处，在水流减慢或停止时沉积下来，就形成了沙金矿，所以自古就有沙里淘金一说。金在自然界很少，地壳中平均每吨岩石里仅含金 0.005 克！而分布倒是很广。因此，即使是金矿，矿石中的含金量仍然是很低的。然而，在有些得天独厚的地方，却会形成巨大的天然金块，俗称"狗头金"。目前，世界上发现狗头金最多的国家是澳大利亚。已知最大的狗头金重 285 千克，被发现于美国加利福尼亚州。中国最近几年在黑龙江、湖南、山东、四川等省也不断发现狗头金。如四川省的昌台地区近年来采得大小狗头金数以千计，大于 500 克的就有 11 块。其中最大的两块分别为 4200 克和 4800.4 克。

科学家们发现海水和岩石一样含有黄金，虽然平均每吨海水的含金只有 0.004～0.02 毫克，但是海洋很大，有人估计海水中所有的黄金加在一起至少有 1000 万吨，远远超过陆地的黄金总量。目前所知，加勒比海的海水中含金量最高，每吨海水的含金高达 15～18 毫克，比一般海水含金量高出很多。取得海水很方便，所

你知道吗

什么是沙金

沙金，产于河流底层或低洼地带，与石沙混杂在一起，经过淘洗出来的黄金。沙金起源于矿山，由于金矿石露出地面，经过长期风吹雨打，岩石被风化而崩裂，金便脱离矿脉伴随泥沙顺水而下，自然沉淀在石沙中，在河流底层或沙石下面沉积为含金层，从而形成沙金。沙金的特点：颗粒大小不一，大的像蚕豆，小的似细沙，形状各异；颜色因成色高低而不同，九成以上为赤黄色，八成为淡黄色，七成为青黄色。

以有人尝试从海水中取金。美国有人对 15 吨海水进行加工，从中获得 0.09 毫克的金，虽然加工费用很高，但是却很令人振奋。将来只要找到一种廉价的加工方法，人类就可以从海水中大规模地提取黄金了。

◎水　银

水银学名叫作"汞"，是一种光泽强、很容易流动的银白色液态金属。在自然界中常以液态小球状分散在一些岩石中，所以又叫它"自然汞"。水银有不少有趣的性质：在 356.58℃ 时沸腾气化，不过其蒸汽有剧毒；在 -38.87℃ 时凝固成美丽的银蓝色固体；它的密度很大，能自行聚成滚来滚去的小球珠；它有明显而又规则的膨胀性，利用这点，人们用它制作温度计；它还具有很强的溶解其他金属的本领，除了铁以外，几乎能与所有金属"友好相处"——形成汞合金。水银在工业、农业、美术、医学、现代国防和宇航科学方面的用途达 1000 多种。

◎金刚石

金刚石是自然界最硬的矿物，也是一种极贵重的宝石。金刚石经得起强

天然金刚石

酸、强碱的腐蚀，甚至不怕 700℃ 的高温。纯净的金刚石无色透明，但较多见的有黄、蓝、褐等颜色，都有很亮的光泽。金刚石的生成条件是高温高压，通常在火山口里面形成。有时，由于雨水和温度的变化等原因，使含有金刚石的岩石破碎，又被流水带往地势较低的地方，所以金刚石也可以在一些河流流域被发现。透明、色美的金刚石经琢磨后，叫作"钻石"。由于质地坚硬，它的表面一旦磨光，就再也不会产生"伤痕"，灿烂的光辉永远不会消失，所以是昂贵的装饰品，享有"宝石之王"的美誉。金刚石还能划玻璃，做唱机的针尖、牙科手术用的钻头和矿山钻探机的钻头等。

世界上最大的一颗金刚石是 1905 年在南非的一个金刚石矿中被发现的，

以矿主的名字命名为"库利南"。它纯净，浅蓝色，重 3106 克拉（计量宝石的重量单位，1 克拉 =0.2 克），差不多有一个男子的拳头那么大。后来被加工成 9 颗大钻和 96 颗小钻，全为英国皇室所占有。中国最大的宝石级天然金刚石叫"常林钻石"，是 1977 年在山东临沭县常林被发现的。为浅黄色的透明体，重 158.786 克拉。

◎石　墨

石墨是一种铁黑色的非金属矿，质软，在纸上划过能留下黑色痕迹，用手摸它还会污手。有滑腻感。通常由煤或含碳的岩

王冠上的"库利南"金刚石

石"变质"而成。石墨最平常的用途是与黏土按一定的比例制成铅笔芯，供人们写字用。此外，它不怕高温，也不怕酸碱腐蚀，能导电，还具有润滑作用。人们用它制作化学上用于加热的高温坩埚；在熔融的炼钢炉上别的金属会被氧化或熔化，它却不会，炼钢炉上的电极非它不可；机器长久运转需要润滑油，可是在高温条件下，其他一切润滑油都无济于事，只有它，正好能施展高级润滑剂的本领；非常纯的石墨，还能在原子反应堆中作减速剂。

拓展阅读

原子反应堆

原子反应堆，即核反应堆，是一种启动、控制并维持核裂变或核聚变链式反应的装置。相对于核武器爆炸瞬间所发生的失控链式反应，在反应堆之中，核变的速率可以得到精确的控制，其能量能够以较慢的速度向外释放，供人们利用。核反应堆有许多用途，当前最重要的用途是产生热能，用以代替其他燃料加热水，产生蒸汽发电或驱动航空母舰等设施运转。当前全部商业核反应堆都是基于核裂变的，其裂变产物可以生产核武器之中使用的钚。

◎ 辰 砂

辰 砂

辰砂俗称"朱砂",是一种朱红色的矿物。因为中国古代的辰州(今湖南沅陵)所产最佳,从而得名。常由地壳中的水所带的汞物质与硫结合而成。辰砂是炼汞的最主要原料。中国古代很早就把它作为中药和颜料。作为中药,可治癫狂、惊悸和失眠等病。作为颜料,有色泽鲜红明丽、经历很长时间也不褪色的优点。如长沙马王堆一号汉墓里出土的朱红菱纹罗锦袍上的朱红色,就是辰砂所染,经过2000多年,还十分鲜艳。现代的高级绘画颜料银珠,也是由辰砂研细而成的粉末,用以绘画,永不褪色。

1980年,在贵州省的万山汞矿区,发现了一块辰砂晶体,为世界之最,故名"辰砂王"。

◎ 黄铁矿

黄铁矿是一种浅黄色的矿物。结晶体常为立方形,表面有条纹。由于它含有的硫比铁还多,所以又叫"硫铁矿"。主要用于提取硫黄,制造硫酸。黄铁矿经过长期的日晒雨淋,里面的硫会被流水溶解带走,而变成炼铁的矿物——褐铁矿。黄铁矿在地壳中分布很广。它有很强的金属光泽,由于颜色、光泽和自然金相似,常被误认为是黄金,所以有人也叫它"愚人金"。不过要区别它们很容易。俗话说,真金不怕火炼,用火一烧黄铁矿就会冒烟,

黄铁矿

并且发出很难闻的臭味，假黄金就被发现了。

◎ 锰结核

锰结核是在大洋底部的一种有生物骨骼或岩石碎片内核的矿石团块。小的直径不到 1 厘米，大的有 1 吨多重。它除了主要含有锰和铁元素之外，还有铜、锌、铅、钼、金、银、镍、钴等 38 种金属元素。它能够吸收海底的元素，由小变大地自我生长，所以有活矿石之称。据估计，全世界大洋底部有 3 万亿吨的锰结核。

锰结核

其中太平洋可达 1.7 万亿吨，里面大约含锰 4000 亿吨、铁 2320 亿吨、钴 58 亿吨、镍 64 亿吨、铜 55 亿吨、锌 7.8 亿吨……这些都是工业生产中十分需要的金属矿产，它们的数量又大大超过陆地上同样矿产的储量，所以人们一直在研究怎样既经济又有效地把它们从海底捞上来。美国有人从 900 米深的地方每天采到 1600 吨锰结核。科学家们曾经预言：21 世纪主要开采的矿产就是锰结核。

刚　玉

◎ 刚　玉

刚玉是一种硬度仅次于金刚石，也可以作宝石的矿物。与金刚石是一对"姐妹宝石"。有很亮的玻璃光泽。五颜六色的都有，其中红、蓝、白、金、黑五种颜色的透明体是刚玉类宝石中的五大珍品。分别叫作"红宝石"、"蓝宝石"、"白宝石"、"金宝石"和"黑宝石"。其中最著名的是红宝石和蓝宝石。那些像星星一样闪光的刚玉，叫作"星

"彩刚玉",较为名贵。除了作宝石,刚玉还被用作耐火材料、精密仪器的轴承和用来磨制精度和表面光洁度要求很高的产品。

世界上历史悠久和最出名的宝石级刚玉产地在缅甸,那里曾产出许多著名的刚玉宝石。如藏于不列颠博物馆的红宝石晶体和"伊朗皇冠"上的84颗红宝石扣子,都是缅甸的名产。

◎ 萤 石

萤 石

萤石是一种在紫外线照射下或加热后能发出荧光的矿物。因含氟的成分最多,又名"氟石"。常见的有绿、白、黄、蓝、紫等色,纯净的萤石无色,但很少见。萤石是火山喷出的含氟物质富集、冷却而形成的,它常在岩石空隙的内壁上结晶,甚至成群地聚集在较大的岩石空洞里,形成美丽的晶洞。中国是出产萤石最多的国家之一,萤石分布也很广。萤石是冶铁的熔剂,可用以提高铁矿石的易熔性和炉渣的流动性,还有利于去除铁矿石中的有害杂质。无色透明的萤石是优质光学仪器的透镜原料。色彩艳丽的大块萤石被称为"软水晶",可以琢磨成欣赏石。

◎ 红宝石

红宝石是红色透明的刚玉。因产量远比蓝宝石稀少,并且颗粒大的很少见,所以比蓝宝石更为珍贵。常见的有粉红、玫瑰红、紫红、血红等各种颜色。以血红者为最佳,俗称"鸽血红"。纯正的"鸽血红"在白炽光的辉映下,色彩艳丽动人,好像早晨刚刚升起的旭日,又如傍晚天

红宝石

边的彩霞。一颗"鸽血红"要比同样重的钻石还贵重。在中国故宫博物院的珍宝室里，陈列有好几颗红宝石，都属稀世珍宝。红宝石除可制作装饰品外，还被用作钟表和精密仪器的轴承。

◎ 石 英

石英是一种质地坚硬、有玻璃光泽的矿物。在地球上到处可见。粒状的石英是花岗岩、砂岩等各种岩石的重要组成部分。发育完善的石英晶体为六棱柱状，顶上有一个尖尖的小锥体，常常分布在岩石的裂隙和孔洞里。有时还能"集合"成美丽的晶体群——晶簇，如同盛开的花朵一般，十分好看。石英一般为乳白色，因含不同的杂质，也常见红、紫、黑褐等颜色。一般的石英可用来制造玻璃。无色透明的石英晶体叫做水晶。水晶的用途很大，可作工艺品、光学仪器的材料和石英钟表的元件。近年来，还被广泛地应用于自动武器、超音速飞机、人造卫星及放大几十万倍的电子显微镜等设备上，是现代国防、电子工业不可缺少的矿物材料。

磁铁矿

◎ 磁铁矿

磁铁矿是含铁量最高的一种铁黑色矿物，是炼铁的重要矿物原料，有暗淡的金属光泽。磁铁矿分布很广，大部分岩浆岩里都可发现，但是含量不高。只有含量高，而且储藏量大的，才有开采价值。磁铁矿有磁性，磁铁可吸住它，它也可以吸起较轻的铁制物品。在埋藏大量磁铁矿的地方，好像一块巨大的磁铁，会使指南针指错方向。在乌克兰的库尔斯克，地下的磁铁矿竟使指针的南北方向完全反过来了。人们根据这种性质来找矿，而且发明了非常灵敏的航空测磁仪来代替指南针。在仪器的帮助下，人们在飞机上也可以探查出磁铁矿埋藏的地点，把它们找出来。

◎ 玛瑙

玛瑙是一种色彩丰富、美丽多姿的玉石矿物。因其花纹很像马脑而得名。主要产于玄武岩等火山岩的气孔中，常常由非常细小的石英聚集而成。把玛瑙切开，可以在断面上看到不同颜色的条带和花纹，而且往往有像树木年轮一样的同心环。中国古代有人说"千种玛瑙万种玉"，就是讲玛瑙形状不一，大小各异，五光十色，纹理万变。实际上

趣味点击 **指南针**

指南针是用以判别方位的一种简单仪器。它又称指北针。指南针的前身是中国古代的司南。其主要组成部分是一根装在轴上可以自由转动的磁针。磁针在地磁场作用下能保持在磁子午线的切线方向上。磁针的北极指向地理的北极，利用这一性能可以辨别方向。它常用于航海、大地测量、旅行及军事等方面。

玛瑙的品种也确实繁多。如纹带细如蚕丝、紧密缠绕的叫缠丝玛瑙；"正视莹白，侧视若凝血"的叫夹胎玛瑙；花纹如苔藓或柏枝的是苔藓玛瑙和柏枝玛瑙；漆黑而带有一丝白的叫合子玛瑙；还有其中包着一腔自然水的水胆玛瑙等。都是一些天生丽质、价值很高的品种。玛瑙坚硬而不脆，一般可制成玛瑙轴承和耐磨器皿，更

趣味点击 **年轮**

年轮指的是树木由于周期性季节生长速度不同，而在木质部横切面上形成肉眼可分辨的层层同心轮状结构。当我们把树干打横锯开，露出一个横切面，会看到面上满布一个个同心圆的环，那就是年轮了。我们可以数环数找出树龄，每一环代表一年。

多的则用来镶嵌在戒指上，或作项链珠子。巧妙地利用它的花纹和色彩，还可以把玛瑙雕制成各种工艺品。如北京玉石厂曾将一些合子玛瑙雕成一群黑山羊，每只羊的腰部都绕一白圈，非常别致而富有情趣。

◎ 绿柱石

绿柱石又叫"绿宝石"，是一种以淡绿颜色为主的六方柱形的矿物。硬度较大，具有玻璃光泽。它是岩浆在地下缓慢冷却的过程中，有关物质成分相对聚集、结晶而形成的。因含杂质，也有其他颜色。美丽晶莹的绿柱石可作镶嵌在戒指上的宝石和其他装饰品。有一种碧绿苍翠的纯绿宝石叫"祖母绿"，由于它的色彩动人而又少见，被视为宝石珍品，希腊神话中将它作为献给维纳斯女神的宝石。此外，还有呈透明蔚蓝色的海蓝宝石、橘黄的金色绿宝石和红色的玫瑰绿宝石等。

绿柱石

非洲马达加斯加曾经发现一个特大的绿柱石晶体，长 18 米、直径 3.5 米、体积 143 立方米，重约 380 吨。这也是迄今为止人们所知道的所有矿物晶体中最大的一个。

软玉

◎ 软 玉

软玉是一类质地细腻坚韧、色泽柔润晶莹的玉石的总称。因硬度略小于硬玉而得名。中国是世界上产软玉最著名的国家，所以国外常称软玉为"中国玉"。软玉主要生成于变质岩中，是岩石中的有用矿物成分在高温高压下重新结晶的产物。优良品种有新疆的和田玉、四川的龙溪玉和台湾玉等，其中，最著名的是和田玉。今存世上的古代精美玉器，大多是和田玉所作。和田玉中有一种纯洁无瑕、凝脂状的白玉，叫作羊脂玉，是玉中珍品。此外，还有纯黑的墨玉和浓青绿色的青玉，都属高档玉料。

在北京故宫博物院中，陈列着一座5吨多重的大型浮雕——夏禹治水。它是由清乾隆时从新疆采来的一块和田青玉雕琢而成的。当时，用几百匹马和上千人拉了3年，才运到北京，后又转运扬州，由数百位著名工匠用了6年多的时间才雕琢完成。浮雕上治水人物的劳动情景和山水树木都表现得栩栩如生，体现了中国劳动人民无限的创造力和精湛的技艺。

知识小链接

浮 雕

浮雕是雕塑与绘画结合的产物，用压缩的办法来处理对象，靠透视等因素来表现三维空间，并只供一面或两面观看。浮雕一般是附属在另一平面上的，因此在建筑上使用更多，用具器物上也经常可以看到。由于其压缩的特性，所占空间较小，所以适用于多种环境的装饰。近年来，它在城市美化环境中占据越来越重要的地位。浮雕的材料有石头、木头、象牙和金属等。

广角镜

锂云母

锂云母是最常见的锂矿物，是提炼锂的重要矿物。它是钾和锂的基性铝硅酸盐，属云母类矿物中的一种。锂云母一般只产在花岗伟晶岩中，颜色为紫色和粉色并可浅至无色，具有珍珠光泽，呈短柱体、小薄片集合体或大板状晶体。它是提取稀有金属锂的主要原料之一。锂云母中常含有铷和铯，也是提取这些稀有金属的重要原料。

◎ 云 母

云母俗名"千层纸"，是一种由许多极薄的、富有弹性的薄片组成的矿物。具有珍珠光泽。片与片结合得不很牢，很容易一片片地被揭下来。有白云母、金云母、黑云母、锂云母和水云母等很多种类。颜色和外貌因成分不完全一样而有不同，有的像金黄色的鱼鳞，有的像无色的玻璃，也有的像黑色、绿色的石头等。云母是自然界里造就岩石的主要矿物之一，常可在岩浆岩、沉积岩和变质岩中看到它的小颗粒以至晶体。白云母和金云母不导电，而且耐高温、高压和酸碱腐蚀，是电气工业的重要材料。锂云母是提取锂盐的主要原料之一。水云母受热后会大大"发胖"——体积可膨胀 14～18 倍，且闪烁着漂亮的金色与银白色的光辉，建筑行业用它来做隔音材料和金色装饰品。

➡️◎长　石

长　石

长石是构成地壳的最主要的矿物。几乎所有的岩石中都可以见到它。颜色大多为白色、肉红色或灰色，也有色彩非常漂亮的。长石有十多种类型，主要可分为正长石和斜长石两大类。风化后变成高岭石等黏土矿物，是制造玻璃和陶瓷的主要原料。由于含有钾、钠、钙等成分，风化成土壤后是植物必需的养分。透明漂亮的长石常用来做工艺装饰品。如具有碧蓝和蓝白变色的一种长石，叫作"月光石"，从不同角度看它，能显出不同的光彩，十分引人注目，可以做成项链珠等装饰品。中国历史上著名的"和氏璧"，据史书对它的描述判断，可能就是一块月光石。

基本小知识 👆

陶　瓷

　　陶瓷是陶器和瓷器的总称。陶瓷材料大多是氧化物、氮化物、硼化物和碳化物等。常见的陶瓷材料有黏土、氧化铝、高岭土等。陶瓷原料是地球原有的大量资源——黏土经过淬取而成。而黏土具韧性，常温遇水可塑，微干可雕，全干可磨；烧至 700℃ 可成陶器能装水；烧至 1230℃ 则瓷化，可完全不吸水且耐高温耐腐蚀。

◎ 黄 玉

黄 玉

黄玉是一种很像水晶，但比水晶还要坚硬的晶体形矿物。无色或有浅黄等色。常有大晶体，出现在一些具有很大颗粒的岩石中。透明晶亮、色泽艳丽的黄玉，又叫"黄晶"，可作宝石。但是它经不起日晒和受热，日久会变颜色，所以只属于中级宝石。黄玉还可用来磨制精度和表面光洁度都很高的产品。

黄玉分布很广，产量也大。中国新疆已发现有质量较好的黄玉，其中最大的宝石级晶体超过 6000 克。巴西是世界上主要的黄玉产地之一，还盛产一种价值较高的"酒黄宝石"，晶体也都很大，其中一颗重达 45.4 千克，成为世界黄玉宝库中的珍品。

◎ 沸 石

沸石是一些火烧后会出现起泡（沸腾）现象的矿物的总称。无色、白色或呈很浅的灰、黄等色。目前，世界上发现的沸石有 30 多种，它们都是由含不同成分的火山喷出物形成的，所以常见于喷出岩，特别是玄武岩的气孔中。

由于各种不同的沸石内部都有大小不同的空腔，能像筛子一样过滤其他物质的分子，因而人们又叫它"分子筛"。工业上常用它净化或分离混合成分的物质，如分离气体、净化石油及处理废水、废气和废渣。沸石还有"农业维生素"的美称，可用来改良土壤、用作饲料、增加作物中维生素 C 的含量。除此之外，沸石还能用来制作水泥、高强度的轻质砖及远红外

沸 石

线烘干元件等。近年来，世界各国都在积极开发沸石矿藏，沸石已成为工农业生产的热门货。

◎ 海泡石

海泡石是一种质地光滑细腻，呈土状块体的灰色矿物。曾被一位德国学者称为"海的泡沫"，所以得名。它形成在海洋里。重量很轻，不怕热，加水后能随意塑造成各种形状而不破碎。可以作为地质、石油钻井的优质泥浆原料，在石油和油脂工业中用作脱色剂、净化剂和吸附剂，可以去除矿物油、植物油和动物油中的有色、有毒成分及臭味。在医药工业中，可作葡萄糖的发酵剂和净化剂。它还是制造玻璃、珐琅器的最佳原料，并在国防工业和空间科学等方面有广泛

拓展阅读

葡萄糖

葡萄糖，又称为血糖、玉米葡糖、玉蜀黍糖，甚至简称为葡糖，分子式 $C_6H_{12}O_6$，是自然界分布最广且最为重要的一种单糖。它是一种多羟基醛，水溶液旋光向右，故亦称"右旋糖"。葡萄糖在生物学领域具有重要地位，是活细胞的能量来源和新陈代谢的中间产物。植物可通过光合作用产生葡萄糖。葡萄糖在糖果制造业和医药领域有着广泛应用。

的用途，人们称赞它是"大海留下的明珠"！

◎ 滑石

滑石是一种手摸上去非常光滑的矿物。一般为白色或淡绿色，硬度很小，能用指甲刮下细腻而滑溜溜的白色粉末。中国的滑石矿产资源丰富，著名的辽宁海城滑石矿所产的滑石，质地优良，驰名中外。滑石的用途极

滑 石

为普遍，把它掺在纸浆和陶瓷原料中，可提高纸和陶瓷制品的光泽和透明度，增强对颜料的吸附；油漆中含有滑石，能使油漆表面减少磨损和漆皮掉落现象；用滑石作辅助材料的橡胶显得非常柔软而滑润。滑石还是许多日用品和化妆品中不可缺少的成分，如香皂、牙膏、珍珠霜及粉类化妆品中都有滑石粉。

◎ 叶蜡石

叶蜡石

叶蜡石是一种色泽丰富、美丽如玉的石质矿物。硬度较小，很容易加工。叶蜡石琢磨后具有很强的蜡状光泽，是一种理想的工艺石料。其主要由火山岩在高温作用下变质而形成。因产地不同，石质、颜色及纹理也有差别。中国比较著名的有寿山石、昌化石和青田石，都是制印章的上品和珍贵的工艺美术品原料。寿山石产于福建省的寿山，质地细腻、透明如冻，尤其是产于水田中的田黄石，素有"易金三倍"的价值。昌化石产于浙江省昌化县的康山，质略透明，其中有一种因含有辰砂而呈血红色或有鲜红斑迹的，看起来就像鸡血凝结或溅洒一样，被人们形象地叫作"鸡血石"。用斑斓艳丽的鸡血石雕成的工艺品，在国内外声誉极佳。青田石产于浙江省青田县的方山，有红色、白色、灰色、黄色、苹果绿等颜色，还有变幻无穷的纹理。有的晶莹似冻，有的如同灿烂的灯辉，利用它的天然色彩，可以巧妙地雕刻出各种栩栩如生的工艺美术品。

◎ 石 膏

石膏是一种硬度很小的白色矿

石 膏

物。常结晶成厚板状或柱状。其主要因古代盐湖或潟湖中的水被蒸发浓缩后，由其中的化学物质沉积而成。有时，在沉积石膏层形成之后，地壳的运动可以使它成为地下孔洞。洞壁上的石膏质点或小晶体，会慢慢地增大，并逐步形成簇聚着无数石膏晶体的晶洞。石膏的用途很多，中国古代早就发明了用石膏使豆浆凝成豆腐，农业上用石膏来改良土壤。此外，建筑、模型、造纸、油漆、医药和文教等行业也都离不开它。

知识小链接

碳酸钙

碳酸钙，俗称石灰石、石粉，是一种化合物，呈碱性，基本上不溶于水，溶于酸。它是地球上的常见物质，存在于霰石、方解石、石灰岩、大理石等岩石内。其也为动物骨骼或外壳的主要成分。冶金工业中，主要用于助溶剂、建筑材料水泥、石灰和二氧化硫、水、酸性土壤，医疗上用作抗酸药，能中和胃酸、保护溃疡面，用于胃酸过多、胃和十二指肠溃疡等病。

◎ 冰洲石

冰洲石是无色透明、晶体完整、没有裂隙和瑕疵的方解石。因最早发现于冰岛而得名。冰洲石有很亮的玻璃闪光，能经受日光长期照射而不变色，透明度也不受影响。透过冰洲石看，纸上的一条线会变成两条线，一个字会变成双体字。这是光学上的一种双折射现象。因此它常被用来制造特种光学仪器，也被作为激光工业和天文望远镜制作方面必需的材料。这种特殊用途使它身价百倍，与金刚石不相上下。冰洲石有的产于石灰岩裂隙或溶洞中，有的出现在火山喷出岩里，如优质的冰洲石常出现在玄武岩的气孔中。冰洲石不易形成大规模的矿床，

冰洲石

而且质软性脆，容易在开采时产生裂纹而失去工业意义，所以目前世界各地的冰洲石还供不应求。

◎孔雀石

趣味点击　孔雀

孔雀，是一种美丽的鸟类，属鸡形目，雉科，又名越鸟、南客。孔雀有三种，绿孔雀和蓝孔雀属于该属，而刚果孔雀单独成属。蓝孔雀又名印度孔雀，雄鸟羽毛为宝蓝色，富有金属光泽，分布在印度和斯里兰卡。绿孔雀又名爪哇孔雀，分布在东南亚。此外，蓝孔雀还有白孔雀和黑孔雀两种变异种。

孔雀石是一种呈美丽的翠绿颜色的含铜矿物。因它的翠绿色与孔雀羽毛的颜色相像而得名。硬度较小，用小刀可划出痕迹。遇盐酸会起泡，并发出"咝咝"声。形态多样，常见的有葡萄状、钟乳状等集合体。孔雀石是含铜矿物与空气长期接触、氧化而成的，因此，它常与铜矿相伴而生，并且多露出在地表面。由于它那引人注目的色彩，在野外很容易辨认，可作为寻找铜矿的标志。孔雀石是炼铜的矿物原料之一。块大色美者，也是工艺雕刻品的材料，可用于琢磨各种饰物。它的粉末还可作为制作绘画用的高级颜料。

◎琥珀

琥珀又叫"遗玉"，是一种形成于煤层里，具有树脂光泽的有机矿物。质量很轻，一般呈蜡黄及黄褐色，形状各色各样，多为透明体。有的里面还包裹着栩栩如生的小昆虫，看起来好像一触就会动、碰一下就要飞一样，十分有趣。在远古的地球成煤时期，森林中常有一些大树被日

琥珀

晒风吹、雷劈火烧而致伤，便会有树脂从"伤口"里渗流出来。一点一滴，日积月累，就堆积、凝结成了形状各异的树脂团。有时，活跃于林间的某些小昆虫不小心刚巧被粘住，并且被后来分泌出来的树脂包住。凭着树脂的保护，隔绝了空气，小昆虫不仅没有腐烂，而且"蒙难"时一刹那的神态也被保留了下来。这些树脂团后来又与森林一起被地壳运动深埋于地下，经过漫长的地质岁月，就形成了煤层中的树脂化石——琥珀。在中国的抚顺煤田中，就有大量的琥珀。琥珀能作绝缘材料、化工原料、药材。用色美无瑕、剔透明亮的琥珀制作的装饰品和工艺品，被人们视为高档珍品。内有完整的昆虫遗体的琥珀，就是不加琢磨，也是很别致的摆设品。由于琥珀提供了最直观、最生动的古代生物标本，在古生物研究中，具有很大意义。

➡ 岩　石

岩石小名叫作"石头"，是一种或几种矿物有规律地组成的集合体。各种各样的岩石包围着地球，形成地壳，所以我们会经常碰到它。把岩石放在显微镜下观察，可以看出其中所含有的矿物。有些岩石的组成矿物颗粒较大，用肉眼也能看清楚。例如，在花岗岩中，那些乳白色的、用小刀都划不动的是石英，那些肉红色的、用小刀可刻出痕迹的是长石，那些一闪一闪的小片则是云母。根据岩石中矿物的成分、颗粒大小、形状和排列方式，可以确定岩石的种类。按形成的原因，岩石可以分成岩浆岩、沉积岩和变质岩三大类。各类岩石都有它较独特的外表特征，如岩浆岩常有颗粒状的矿物颗粒，沉积岩有一层层明显的层理，而变质岩中的片状、柱状和板状矿物常常平行排列。不同类型的岩石还能形成各自特有的矿产，如许多有色金属都存在于岩浆岩中，而煤、石油等则存在于沉积岩里。有的岩石本身就是有用的矿产，如大理岩、石灰岩、花岗岩等。

➡ ◎ 岩浆岩

岩浆岩又叫"火成岩"，是由地球内滚烫的岩浆冷凝而成的一类岩石。岩浆来自地幔或地壳深处，温度相当高，受到的压力也很大，所以活动能力很

岩浆岩

强。当地壳的某些地方产生裂缝时，它就会拼命地挤向地表。有的在地壳中停下来，在其他岩石中慢慢地冷凝，这样形成的岩浆岩叫作"侵入岩"。根据形成的部位的深浅，又可分为"深成岩"和"浅成岩"。有时岩浆上涌的力量大到可喷出地面，形成火山爆发。喷出来的熔融岩浆及碎屑物质等堆积冷凝后形成的岩浆岩叫作"火山岩"，又叫"喷出岩"。岩浆岩是组成地壳的主要岩石，从地面到地下 16000 米的地方，岩浆岩的体积几乎占到 95%。在岩浆岩的形成过程中，随着岩浆的上升，温度逐渐下降，它就不断地结晶出各种各样的矿物，当某些有用矿物聚集到一定数量，就成为矿产资源。所以，岩浆岩中孕育着许多宝藏。

一、花岗岩

花岗岩也叫"花岗石"，是一种坚固美观的侵入岩。由地球内部滚热的岩浆在地壳内慢慢冷凝而形成。它含有许多颗粒大而颜色不同的矿物，主要是石英和长石，所以颜色一般较浅，大多为灰白色和肉红色，其中的花点，则是黑云母等矿物。花岗岩分布非常广，常形成巨大的岩体。我国著名的黄山、华山、八达岭等都是由花岗岩构成的。花岗岩可以磨光，雕刻图案或文字，又不容易磨损，许多大型、纪念性的建筑物都用它作石料。如人民英雄纪念碑的数十米高的碑身用石，就是产于山东青岛的青岛花岗岩。

在江苏省苏州市，有一座金山，所

人民英雄纪念碑

产的花岗岩质量居全国之首。人们又称它为"金山石"。它比较经得住酸碱的腐蚀，而且还经得起重压，一块 30 厘米的金山花岗岩能承受 82 吨的重压。加上它石质纯净细密，外观洁白晶莹，成为深受欢迎的优质建筑石料和石雕材料。如北京军事博物馆、南京长江大桥、雨花台烈士群雕等都用上了金山花岗岩。

二、流纹岩

流纹岩是一种浅灰色或灰红色的火山喷出岩，主要由浅色的石英、长石等矿物组成，是颜色较浅的火山喷出岩之一。构成流纹岩的岩浆黏稠度很大，当它突然喷出地表，还在缓慢流动时，就被冷凝了。所以，流纹岩中不同颜色的物质都呈平直或弯曲的流动状排列，如同流水的波纹，给人以动感。如果岩石中有一块较大的矿物晶体，其流纹会像水流绕过石头一样绕道而流。在自然界，流纹岩常形成奇特的岩钟、岩塔等。被誉为"天下奇观"的雁荡山，就是主要由流纹岩构成的。流纹岩坚硬致密，可做建筑材料。

流纹岩在我国东南沿海各省有广泛的分布，与之相关的矿产有高岭石、蒙脱石、叶蜡石、明矾和黄铁

流纹石

矿等。

三、玄武岩

玄武岩是一种灰黑色、多气孔的火山喷出岩，主要由颗粒细小的深色矿物组成。当来自地壳深处的岩浆喷出地面冷凝时，其中所含的气体物质会很快挥发逸出，从而在形成的岩石中留下一些圆形或椭圆形的气孔。有时在这些气孔中又充填了方解石等浅色矿物，人们就形象地叫它"杏仁构造"。因为岩浆冷凝时会收缩，所以常使冷凝后的玄武岩体产生许多纵向的裂隙，成为一个个长而规则的直立

玄武岩

柱状体，犹如无数把巨大的筷子，排列整齐，被紧紧地捆在一起，插在地上。有的柱体高达数十米，远远望去，气势十分雄伟。玄武岩是分布最广的一种火山岩。中国的峨眉山、五大连池及印度德干高原、英国北爱尔兰巨人台阶等都是由玄武岩组成的。在占地球表面积70%的海洋中，其洋底几乎全由玄武岩构成。利用玄武岩的柱状裂隙，开采方便，所以它常被用来作桥基、房基等建筑材料和良好的水泥原材料。20世纪80年代初，诞生了用玄武岩制造的纸，它的厚度约为普通纸的1/5，不怕水、不怕火、不发霉，又十分耐磨，被称为当今

趣味点击

峨眉山

　　峨眉山位于我国四川省峨眉山市境内，景区面积154平方千米，最高峰万佛顶海拔3099米。地势陡峭，风景秀丽，有"秀甲天下"之美誉。气候多样，植被丰富，共有3000多种植物，其中包括世界上稀有的树种。山路沿途有较多猴群，常结队向游人讨食，为峨眉一大特色。1996年12月6日，峨眉山作为文化与自然双重遗产被联合国教科文组织列入世界文化遗产名录。

"最佳纸张"。

四、珍珠岩

珍珠岩是一种具有珍珠光泽和珍珠状球形裂纹的火山喷出岩。主要成分是含有少量水的二氧化硅。当岩浆喷出地表时，由于温度剧降，岩浆急速冷凝，其中的水分来不及挥发，就被包含其中。岩石上珍珠状的球形裂纹也是因快速冷凝产生的收缩作用而造成的。珍珠岩经过燃烧热处理后，可成为膨胀的珍珠岩，体积可膨胀 8 ~ 15 倍，内部因失去水分而呈蜂窝状。具有质轻、防潮、隔音、抗冻及耐高温等性能，广泛用于工业部门，建筑业更是大量需要，尤其是现代高层和超高层建筑。用膨胀珍珠岩制成的抹墙灰砂浆，比一般灰砂浆轻 60%，性能却十分优越。珍珠岩在农业上被用来改良土壤，美国有人用它来改良动物饲料，促进动物生长。匈牙利已制造出一种专吸油类的珍珠岩制品，可净化河流、湖泊中遭受油类污染的水。

五、浮　岩

浮岩又叫"浮石"。它是一种能漂浮在水面上的浅灰色火山喷出岩。其组成物质与流纹岩差不多，不过形成它的岩浆含的挥发性气体特别多，这些气体在岩浆冷凝过程中挥发而逸出了，所以气孔特别多，重量也非常轻。浮岩常常分布在火山口附近，与其他火山岩及火山灰共生。除了可做水泥材料外，还能

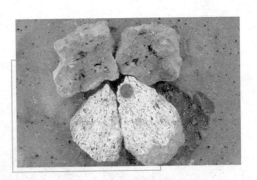

浮　岩

加工成砌块和混凝土的材料，用于墙体、屋面等，既减轻了建筑物的自重，又具有保温、隔音等性能。化学工业中用浮岩作过滤器、干燥剂和催化剂。浮岩还经常出现在澡堂里，成为人们称心的搓脚石。被流水冲刷过的浮岩，犬牙交错，像锯齿，如山峰，也可作为制盆景的假山石材料。

在非洲马里的尼日尔河一带，渔民们利用当地的浮岩制成小渔船，省去了不少木料。据说这种石船的表面具有很强的耐磨蚀性能，经久耐用。

干燥剂

干燥剂也叫吸附剂，用在防潮，防霉方面，起干燥作用，按吸附方式及反应产物不同分为物理吸附干燥剂和化学吸附干燥剂。物理吸附干燥剂有硅胶、氧化铝凝胶、分子筛、活性炭、骨炭、木炭、矿物干燥剂，或活性白土等。它的干燥原理就是通过物理方式将水分子吸附在自身的结构中。

◎ 沉积岩

沉积岩又叫"水成岩"，是由松散沉积物质层沉积并固结而成的岩石。暴露在地球表面的岩石，经过长期的风吹、雨淋、日晒、冰冻以及生物的破坏，逐渐变成了碎块或粉末，它们被流水或风等搬运到湖泊、海洋等低洼地区，随着水流或风力速度的减小，就停积下来。天长日久，搬运来的物质越积越厚，越压越结实，便成了坚硬的沉积岩。所以它的剖面上可以看到很明显的一层叠一层的层理，并且常能发现古生物的化石。沉积岩在地球表面的分布面积达75%，是构成地壳表层的主要岩石。沉积岩种类很多，常见的如烧石灰用的石灰岩、磨刀用的砂岩等。此外，还有颗粒很粗的砾岩和颗粒很细的黏土岩，以及可以一层层剥开的页岩等。

在山东省沂蒙山区，有一个叫做山旺的山冈，在那里随手捡一块石头，都是层层相叠的形状。若用刀片插入石缝层间，小心撬开，便可看到"岩页"上或烙有轮廓分明的树叶，或凸起扑翅欲飞的昆虫，或嵌着临死挣扎的游鱼等，简直是一部史前生物的"岩书"。据鉴定，这里的岩石至少有1800万年历史。1980年，山旺已被我国划作国家级古生物化石重点自然保护区，并在当地建立了古生物

山旺化石

化石博物馆。

一、石灰岩

石灰岩是一种灰色或灰白色的石灰质沉积岩。其主要由方解石微粒组成，常混入黏土等杂质。石灰岩分布的地区原先大多数是海洋，海水中含有的钙物质逐渐沉淀、固结，就变成了石灰岩。当海底上升为陆地时，石灰岩就暴露于地表了。石灰岩是烧制石灰的主要原料，在冶金、水泥、玻璃、化纤等工业部门也有广泛的用途。

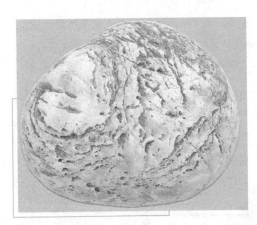

石灰岩

石灰岩硬度不大，很容易受破坏。在那些石灰岩分布广、厚度大、质地较纯的地区，常形成形态怪异的石林和华丽神奇的溶洞。因为石灰岩能被含有二氧化碳的水溶解，水又是无缝不钻的，所以石灰岩地区经过长期的雨水或流水的溶解，有的地区变成凹陷，并不断加深，而有的岩石却还巍然耸立着，最终就在地面上留下了孤峰残柱般的怪石林。例如，云南省路南石林宛如一座宏伟的石雕博物馆，一石一姿，有沧海卫士、母子偕游、牧童放羊等。有些石灰岩中的裂隙还会曲曲折折地深入到地下，并在地下不断地被流水溶解扩大，形成了地下溶洞，比如浙江桐庐的"瑶琳仙境"。那些溶洞里有数不清的石笋、钟乳石和石柱，经彩灯一照，一个个如彩云、似莲花，或像各种各样的动物和传说中的人物。身临其境，你会为这大自然的神奇作用而惊叹不已。

浙江桐庐的"瑶琳仙境"

玻 璃

玻璃在古代也称脱蜡琉璃。琉璃是一种透明、强度及硬度颇高、不透气的物料。玻璃在日常环境中呈化学惰性，也不会与生物起作用，故此用途非常广泛。玻璃一般不溶于酸，但溶于强碱。玻璃是一种非晶形过冷液体。融解的玻璃迅速冷却，各分子因为没有足够时间形成晶体而形成玻璃。玻璃在古代又指一种天然玉石，也叫水玉，但不是现在的玻璃。

二、磨 石

磨石是一种能磨各种刀具的石头。其主要由石英等矿物被铁和黏土物质胶结而成。多分布在早先地球上的一些低洼地区。当有些含有石英等成分的岩石被风化破碎后，流水往往就把它们搬到地势低洼的地方。随着流速的逐渐减慢，那些碎屑物也就先后沉淀，分别在不同的地点"落户"，固结成岩石。其中岩石颗粒如黄沙般大小的，可用来磨斧头、铡刀等大

磨 石

刀具；稍细一点的，用来磨菜刀；那些颗粒极细的黏土质和泥质岩石如果受到地壳内高温和高压的影响，就会成为能磨剃刀、刨刀的细料磨石。那么为什么这些岩石都能把刀刃磨快呢？这得归功于其中既坚硬又呈微粒状，而且分布十分均匀的石英，它使磨石变得柔中有刚，细中有利。此外，磨石中的黏土遇到水后体积膨胀，所以磨刀时磨石会出泥浆水。在北京石景山区的翠微山下，有一个名叫模式口的小村，它原来的名字是"磨石口"，就是因为盛产各种磨石而得名的。

三、黏　土

黏土是颗粒极细，与水拌和后具有黏性的土状沉积物。其主要由长石等矿物长期风化而成。种类很多，最著名的是高岭石黏土，又叫作高岭土，因首先被发现于江西景德镇市郊的高岭村而得名。高岭石黏土化学性质稳定，绝缘性能良好，加水后黏结力很强，可捏成各种形状而不开裂，干燥后能保持原形；经焙烧还具有岩石般的坚硬性，是

高岭石

一种优良的瓷土。景德镇附近蕴藏着丰富的高岭石黏土矿，用它制成的瓷器以"白如玉、薄如纸、明如镜、声如磬"的特色而享誉国内外。除此之外，黏土也常常被用作塑料制品、造纸、橡胶等工业的主要辅助材料和耐火材料。

四、海滩岩

海滩岩是一种由沙子、沙砾、贝壳和珊瑚等各种海滩碎屑物所组成的岩石。常沿着海岸线断断续续地分布在海滩上有潮水涨落的地带。在一些气候炎热、蒸发很强的海区，当出现风暴和海水高潮时，激浪会把各种碎屑物推上海滩，沿海岸线堆积起来。潮退后，堆积物中的海水很快蒸发，并遇到方解石等能与它发生胶结的物质，使原先较松散的岩屑胶结成了海滩岩。由于海平面是有升有降的，因此现在发现的海滩岩，有的却沉溺在海底下，

海滩岩

犹如一道海底城墙。如在汕头海山岛黄隆圩，沿海岸分布着长 2000 多米、宽 40 ~ 50 米、高近 4 米的海滩岩，而在汕头的另外一些地方，海滩岩则出现在水深 40 米处的海底。海滩岩被胶结得十分坚固，特别是由贝壳组成的海滩岩，有时用锤子也难以敲开，在当地多被用作建筑材料。有的海滩岩贝壳可烧成贝壳灰，用作农用肥料。一个地方，不管它如今在陆上还是在水中，现在的气候怎样，如果有海滩岩分布，就能证明该地当时是较干燥炎热的海岸地带。所以，海滩岩对于古气候、古海岸和地壳运动等方面的研究也具有重要的意义。

◎ 变质岩

变质岩是由岩浆岩或沉积岩在地壳内物理化学条件变化的情况下，被"改造"而成。

一、木心钟乳石

木心钟乳石是一种罕见的特殊洞穴沉积物，发现于桂林漓江风景区冠岩的地下溶洞中。它是怎样形成的呢？在河流发生洪水时，水流会携带着一些树枝冲入较大的地下溶洞，水退后，树枝便留在了洞里。若这些洞顶有裂缝，上面的石灰岩被含有二氧化碳的水溶解后，就沿裂缝下渗，滴落到树枝上。由于洞内温度较高，下滴物质中的水分蒸发，二氧化碳也跑掉了，于是就在树枝上凝结成了方解石。这样日复一日，年复一年，方解石便一圈圈地包围了树枝，形成了木心钟乳石。若把它切断，能看到当中树枝的木质保存良好，年轮清晰可数，外面的方解石多数质地纯净，但如果在方解石的生长过程中，每隔一段时间有其他物质成分掺入，这样钟乳石也会显出"年轮"。

二、太湖石

太湖石又叫"假山石"，是一种多孔而玲珑剔透的青灰色石头。其主要产于太湖地区。太湖地区原先是一片汪洋大海，海里繁育着大量珊瑚等生物。这些生物死后，石灰质的遗体骨骼不断沉积海底，久而久之，固结成了石灰岩。以后地壳发生剧烈变动，这里成为湖泊，湖底的石灰岩和湖中的石灰岩小岛又不断经受着波浪的冲击和溶蚀，被"雕琢"出许多"皱纹"、凹凸和孔洞，成了百孔千窍的太湖石。太湖石洞多质轻，形态变化多样，颜色深浅不一。人们常用皱、漏、透、瘦、秀五个字来形容它。它是一种很有艺术趣味的欣赏石。可作盆景，砌筑假山，点缀亭榭，为我国古典园林建筑中不可缺少的石头，被誉为"东方橱窗中的珍品"。

太湖石

　　上海豫园内有一块叫"玉玲珑"的太湖石，它既像一座雄伟挺拔的山峰，又像亭亭玉立的少女。尤其布满全身的孔洞几乎都是相通的。据说点一炉香在石下，所有的孔中都会冒出烟来，像云雾缭绕着山峰；如果从顶上倒下一桶水，则洞洞都会有水流出，像飞瀑山泉一样。它和苏州的"瑞云峰"、杭州的"皱云峰"被誉为"江南三名石"。

三、球　石

　　球石是一种颜色多样，有些上面有斑斓花点或条纹的滚圆的石头。因为其滚圆程度远远超过雨花石，并且还闪烁着珍珠一样的光彩，犹如粒粒珠玑，所以自古就有"珠玑石"的美名。球石主要产在山东半岛北长山岛的半月湾。在那长 1200 多米的海滩上，遍地都是这种石头。球石的石质是石英岩。在这一带的大小岛屿上，石英岩分布很广，它们有的纯净洁白，有的因含云母、铁等矿物而呈多种颜色。它们

拓展阅读

豫　园

　　豫园位于上海市中心的黄浦区，是明朝时期的私人花园，建于 1559 年。它充分展现了中国古典园林的建筑与设计风格。如今，它已经成为到上海观光的国内外游客常去的游览胜地之一。

质地非常坚硬，但身上都有许多纵横交错的裂缝，很容易破碎成大大小小的方石块。当无数方石块被带到地势较低、坡度不陡不缓而又开阔的海滩上时，就经常受到海浪的冲击，不断地在海滩上来回翻滚，加上石块之间硬碰硬地相互撞击摩擦，先是磨去了棱角，继而越滚越圆。据说大约经历了 36 亿年的浪中

球石海滩

磨砺，终于使这一带的多数岛屿上都布满了粒粒球石。由于半月湾的海浪比较大，所以球石的滚圆度最好，从而最为出名。球石是一种高档的装饰石材，远在北宋时期，人们就开始利用它了。山东蓬莱阁和庙岛群岛上的许多古建筑都用半月湾球石来装点路面，格外地显示出古朴、典雅的风格。

四、跌跤石

跌跤石是一种会使人跌跤的有趣石头。在太行山南端，有一个叫西安里的地方，那里的地面上常常可见一些滚圆的小石头，你一不小心踩上去，就会狠狠地跌一跤。跌跤石是怎么形成的呢？原来，这个地方的岩石主要是由一种叫葡萄石的矿物组成的。葡萄石常呈葡萄状集合体，硬度较大。含有葡萄石的岩石不断受到大自然风吹、雨淋、日晒等影响，随着其他容易被分解、破碎的物质的带走，就"滚"出了较硬的葡萄石小球体——跌跤石。它主要有白、绿两种颜色。

葡萄石

五、狗啃石

狗啃石是发现于广西上林县的一种外形奇特的石头。其多分布在

喀斯特地区地下干涸的古河道里，是古河流的冲积砾石。然而，它们都不是浑圆状的，而是这里缺了一块，那里又少了一条，有棱带角，石面上伤痕累累。过去，人们猜不透它们的成因，只好用"狗啃石"这一形象名称。后经中国科学院有关部门鉴定，才知道那些砾石上的伤痕确实是动物牙齿咬出来的！在很久以前，这一带曾经是百兽称雄的地方，其中有些动物长着锋利的牙齿，而它们的牙齿又长得特别快，要经常咬硬东西，抑制它的生长才觉得舒服，因此，常常不管东西能吃与否，总要咬上几口。于是，便留下了这许多形态奇异的砾石。狗啃石虽然实际上并非狗啃而成，但毕竟是动物啃出来的，因而这名字还是被叫开了。

六、艾尔斯巨石

　　艾尔斯巨石是世界上最大的整块巨石。它高约348米，周长近9000米。这块巨石屹立在澳大利亚中部维多利亚大沙漠中。虽然形似山峰，但因为它没有生根，所以不能称山，只能叫石。艾尔斯巨石不但因高大而著名，还以它的颜色能一日三变而出众。它在早晨日出后呈棕色，中午日正时为蓝色，傍晚日落中是红色，十分迷人好看，成为沙漠奇观之一。这块石头怎么会变色的呢？经地质学家考察，由于它长期独立在荒漠之中，四周无树遮盖，远处无山挡蔽，荒漠上的风携带着沙子不断地对它进行"打磨抛光"，使它的表面变得又光又滑。太阳光早中晚以不同的角度产生不同的光色照射到它，石面就像一面巨大的明镜一样，反映出色彩的变化。

七、景文石

　　景文石是一种石面上有天然生成的风景图案的欣赏石，亦作锦纹石、景纹石。其产于

拓展阅读

维多利亚大沙漠

　　维多利亚大沙漠位于澳大利亚内陆西部的沙漠地区，自西澳大利亚州巴利湖以东，至南澳大利亚州西部；北接吉布森沙漠，南邻纳勒博平原。东西长约1200千米，最大宽度约550千米，面积约30万平方千米。平均海拔150～300米。多沙丘和盐沼，植物稀少。

景文石

安徽省宣城市的华阳白云洞风景区。这种石头形状扁圆，很像鹅卵石，有大有小；颜色多为灰白色，石上的图案为红色、棕红色等。它的物质成分可能主要为石灰质岩石，由于所含的铁质有多有少，极不均匀，常使石面上呈现出奇妙的图案：或山或水，或人或兽，或山与水融为一体，或人与林构成一画，生动逼真，变幻无穷，如"河边一棵柳"、"双燕嬉戏"、"晚霞下的情侣"等。1989 年，在首届长江沿岸城市旅游产品交易会上第一次露面，景文石就以它独特别致的魅力赢得了鉴赏家、收藏家的浓厚兴趣和高度评价。从此景文石作为艺术品开始走向市场。

八、斑马石

斑马石是内蒙古高原上的一种彩色岩石。它的米黄色基底上有紫红色的条带纹理，如同斑马身上的花纹一样，从而得名。斑马石主要由方解石、白云石等浅色矿物组成，呈现出来的就是花色条纹。那紫红色条纹是由于上述浅色矿物中含有褐铁矿的缘故。斑马石的硬度大于大理石，能切块、雕刻，还可磨得很光亮，是良好的建筑饰面石和工艺品石料，可做饰面砖、茶几面、台灯座、砚台等，利用它的天然纹理，可雕出非洲斑马和虎、豹，更有巧夺天工之妙。

斑马石

❖ 奇特的岩石地貌

◎ 溶　洞

　　溶洞是因地下水对石灰岩的溶蚀作用而开拓出来的地下岩洞。在发育较好的溶洞里，常可见到千姿百态、琳琅满目的钟乳石、石笋、石柱、地下河道等。溶洞的大小不一，大的溶洞有容纳数千人的高大厅堂。在一些大的溶洞内，往往有好几个"大厅"。广西桂林的七星岩就有六个"大厅"，最宽处达 70 米，最高处达 75 米；马来西亚在加

桂林七星岩

里曼丹岛上的国立穆卢公园内有世界上最大的地下溶洞，其面积足有 16 个足球场大小。如果是地壳间断上升，溶洞也可分层分布。江苏宜兴的善卷洞就分上、中、下三层；美国肯塔基州的猛犸洞，共由 255 条地下通道组成，构成一个庞大的岩洞系统。世界上最深的溶洞是法国的位于阿尔卑斯山中的让·贝尔纳尔溶洞，深达 1491 米。溶洞一般曲折幽深，像一座座扑朔迷离的

地下迷宫。由于溶洞形态独特,多辟为观光旅游区。

◎钟乳石

钟乳石又叫"石钟乳",是溶洞顶部向下生长的一种碳酸钙沉积物。在石灰岩溶洞中,当地下水顺着溶洞顶部的裂隙向下滴时,由于温度和压力的变化,溶于水中的碳酸钙便沉淀下来,开始只是附在洞顶上突起的小小疙瘩,随着沉积物自洞顶向下延伸,下垂的碳酸钙沉淀物的外形就成为钟状或乳房状,好像我们在冬天所见到屋檐下垂着的冰柱一样。钟乳石一般独立下垂,也有和溶洞洞壁结合为一体的。目前,世界上最长的钟乳石位于爱尔兰的波尔洞中,钟乳石下垂的长度达 11.6 米。

◎石 笋

石笋是溶洞底部向上生长的一种碳酸钙沉积物。在石灰岩溶洞中,由于流水对石灰岩的溶蚀,当含有碳酸钙的水滴下滴后,水中的碳酸钙便在洞底逐渐沉淀下来,经过长期的沉积,慢慢地越积越高,好像是春天从地下冒出来的竹笋一样,所以得名。和钟乳石不同的是,钟乳石向下伸延,而石笋则向上生长,一般是钟乳石和石笋上下相对地分布,一个挂在洞顶,一个矗立于地表。目前,世界上最大的石笋位于古巴的马丁山洞中,当来到山洞前,就可看到山洞里的红色庞然大物。

◎石 柱

石柱是溶洞中由于碳酸钙沉积而形成的柱子。洞中先有了钟乳石和石笋,它们一般上下对应着,随着不断地沉积,钟乳石越伸越长,而石笋越长越高,最后便连在一起,形成石柱。石柱在洞中顶天立地,像是支撑着大厦的顶梁柱,碳酸钙在石柱表面形成各种各样的形状,像是在柱子表面雕琢出的奇花异草,飞禽走兽。它们错落分布在溶洞中,使本来就奇特的深洞,变得更加神奇,变幻莫测。江苏宜兴善卷洞洞口有一石柱叫作砥柱峰,像是擎天大柱支撑着洞顶。洞中还有一石柱,像是熊猫在爬树,栩栩如生,憨态可掬。贵州镇宁犀牛洞内有一石柱高达 27 米以上,高耸挺拔,令人赞叹不已。

◎石　林

　　石林是陡峭的石峰林立在地表的一种喀斯特地貌。石灰岩地层由于受地壳运动等影响，产生了不少裂缝，当含酸的水渗入这些裂缝后，通过溶蚀等作用，使裂缝不断扩大而成为沟、谷，随着溶蚀作用的继续扩大，裂缝之间只留下陡峭的岩石，这样，便形成了石林。最著名的是中国云南省路南石林。这里一峰一姿、一石一态，显得神奇美妙，变幻万千。有的酷似飞禽走兽，如"双鸟渡食"、"凤凰梳翅"；有的是危岩欲坠，令胆小游客不敢迈步，如"千钧一发"。无数游人被路南石林的神奇壮观所倾倒，把它誉为"天下第一奇观"。

◎峰　林

　　峰林是石灰岩广泛分布的地区，在长期流水的溶蚀、侵蚀等作用下，不断分割地表而形成的一系列奇特而挺拔的山峰。峰林的坡度较陡，其规模要比石林大，高度可超过 100 米，山体内部常有溶洞、地下河等。其主要发育在热带和亚热带季风区的石灰岩分布地区。峰林的山峰形态奇特而俊美，生动有趣，以中国广西的桂林—阳朔一带发育最为典型。如桂林的独秀峰平地拔起，巍巍如"南天一柱"；伏波山卧伏江边，大有回澜伏波之势；七星山七峰连绵，宛如苍穹七斗；叠彩山如彩锦堆叠，翠屏相间；象鼻山酷似巨象在饱饮江水；骆驼山则如长途跋涉的骆驼在途中小憩；望郎山形如昂首盼郎远归的少妇……真是美不胜收，给人以遐想，给人以美的享受。

◎天生桥

　　天生桥也叫作"天然桥"，是两端和地面连接，中间悬空如桥一样的地貌。在石灰岩分布地区常常可以看到，主要是地下溶洞或地下河的顶部两侧岩石发生崩塌，中间残留部分就露出地表而成。其他还有黄土分布地区或海滨地区，由于流水或海水的侵蚀而成的。

　　美国西部的科罗拉多高原上有一座庞大的天生桥，高出水面 94 米多，像彩虹横卧在一条小河上，甚为壮观。中国云贵高原上贵州省黎平县发现了一座天生桥，它长达 118.92 米，比原先人们认为最长的天生桥——美国犹他州的"风景拱门"桥长出 30.22 米，成为目前世界上真正的最长的天生桥。

奇山异石

　　大自然是一位鬼斧神工的巧匠，他在我们人类诞生之前，就造就了许许多多奇山异石屹立于世界各地。大到自然界的石山、石峰、溶洞等，小到人们可以拿在手掌把玩的奇石，戴在身上的珠宝，这些都是大自然赐予我们的财富。例如，贵州省赤水的丹霞地貌，以其艳丽鲜红的丹霞赤壁，拔地而起的孤峰，仪态万千的山石，巨大的岩廊洞穴和优美的丹霞峡谷与绿色森林、飞瀑流泉相映成趣，具有很高的旅游观赏价值。

砂岩与名胜

◎ 砂 岩

沿着河西走廊由东向西行，一片片戈壁沙丘连绵起伏，看不到头。从景泰川到古阳关，东西长1200多千米的走廊，北边紧靠着腾格里、巴丹吉林和塔克拉玛干三个大沙漠。真是"登高远望一片沙，大风一起不见家"，"今夜不知宿何处，平沙万里绝人烟"。

在黄海之滨的青岛，夏天的阳光照耀在宽广的沙滩上，晶莹的砂粒闪烁着亮光，人们躺在沙滩上，沐浴在阳光下。

可是，你是否想过，坚硬的砂岩就是由这些松散的沙子组成的。沙子的主要成分是石英，还有长石、云母及一些岩石碎屑等。

岩石学上把直径大于2毫米的碎石或卵石称为角砾或砾，这些棱角状的石子或卵圆状的石子被泥土、钙质或其他物质胶结起来，就叫作角砾岩或砾岩；把直径在0.05~2毫米的沉积颗粒叫作沙，沙被胶结起来且变得坚硬了，这就是砂岩。根据砂岩所含石英、长石和岩石碎屑的相对比例，可进一步划分成石英砂岩、长石砂岩或岩屑砂岩。

砂岩有许多特征可以反映沉积环境。沙子的磨圆程度可以反映沙粒搬运的路程的远近。沙子颗粒大小的均匀程度可以反映沙粒的分选性的好坏，像青岛海滨浴场的沙滩就是分选很好的沙。砂岩的颜色可以反映沉积时的古气候，著名的重庆红岩和南方各地白垩纪的红层，反映出它们是在干燥的热带—亚热带气候条件下生成的，暗绿色和富含有机质的暗灰色砂岩，说明是在潮湿而温暖的气候条件下形成的。砂岩层面上的各种波痕是河浪、海浪和风留下的痕迹。各种层理可以反映当时的海洋、河流、湖泊等水流速度和水流方向。

砂岩有重要的经济价值。砂岩是制造人造金刚石、硅砖和玻璃等的原料，也是重要的建筑材料。海绿石砂岩可作钾肥。砂岩中有多种矿产资源，如石油、天然气、沙金矿、沙锡矿、沙铂矿、沙钨矿、独居石（含铈和镧）、锆石

（含锆、铪）、金红石和钛铁矿（都含钛），以及砂岩铜矿、砂岩铀矿等。

知识小链接

锆石

锆石，是天然矿物的一种，是一种硅酸盐矿物，化学成分为硅酸锆。它是提炼金属锆的主要矿石。锆石广泛存在于酸性火成岩，也产于变质岩和其他沉积物中。锆石的化学性质很稳定，所以在河流的砂砾中也可以见到宝石级的锆石。锆石有很多种，不同的锆石会有不同的颜色，如红、黄、橙、褐、绿或无色透明等等。经过切割后的宝石级锆石很像是钻石。锆石过去还被叫作锆英石或风信子石。

◎ 火烧赤壁

208 年的深秋，曹操率大军南下，去攻打孙权和刘备。孙权和刘备结成联盟，利用曹军战船连锁，行动不便的弱点，在现今湖北省蒲圻县境内，长江中游的赤壁火攻曹营。结果大败曹军。从此形成了曹操、孙权、刘备三足鼎立的局面，为魏、蜀、吴三国的建立奠定了基础。这就是我国历史上有名的以少胜多、以弱胜强的赤壁之战。赤壁也因此而闻名。

如今古战场赤壁已修葺一新，成为游览胜地。赤壁一面临水，三面环山，海拔约 54.4 米，伸展于长江南岸的大江之中，使长江河道变窄，水流急速。赤壁临水的一面山势陡峭，群岩壁立，崖壁如削，崖顶高出江面 20 多米，十分壮观。临水处刻有"赤壁"二字，字高约 1 米，白底红边，字体苍劲有力。岩壁中部另有"赤壁"二字，长约 1.5 米，高 1 米左

赤壁

右，已残破不全，传说这是周瑜的亲笔。

与赤壁山相连的南屏山上，筑有武侯宫与拜风台，相传武侯宫为这一带渔民捐募所建。宫内供奉着诸葛亮、刘备、周瑜和张飞的泥塑像。展柜内还陈列着出土的箭头、陶器枪戟、钱币等珍贵文物；四壁张贴着有关赤壁之战的画幅，人物彩绘，栩栩如生。与南屏山相连的金鸾山下，古木参天，苍松翠柏。这里有座"凤雏庵"，相传在赤壁之战时，庞统在此夜读兵书，巧献连环计，为火攻破曹立下战功。庵前有一棵高大的银杏树，三人才能合抱。

基本小知识

银杏树

银杏树又名白果树，为落叶乔木，5月开花，10月成熟，果实为橙黄色的种实核果。生长较慢，寿命极长，从栽种到结果要二十多年，四十年后才能大量结果，因此别名"公孙树"，有"公种而孙得食"的含义。它是树中的老寿星。银杏树具有欣赏、药用价值，全身都是"宝"。银杏树是第四纪冰川运动后遗留下来的最古老的裸子植物，是世界上十分珍贵的树种之一，因此被称为植物界中的"活化石"。

赭红色的赤壁，真的是当年火烧曹营时烧红的吗？这个问题得追溯江汉盆地的地质历史。大约自1亿年前的白垩纪至第三纪，在江汉盆地里，由流水搬运来大量的砾石、沙子、钙质和铁质等沉积物。当时，气候干燥炎热，氧化了的铁质呈赭红色，和钙质一起，把砾石和沙粒牢固地胶结起来，变成红色的砾岩和砂岩。江汉盆地经过沧桑变化，不断上升。在构造运动的作用下，断层像一把利剑，把盆地拦腰切断。当时的破碎带就是今天的天堑——长江；两岸的座座崖壁就是当年江汉盆地里沉积的红色砾岩和砂岩。这些岩石主要由石英和少量的长石组成，抵抗风化剥蚀的能力很强，因此形成了峭壁突兀而立，气势雄浑险峻。随着"赤壁之战"而著名的赤壁，也就成了尽人皆知的胜地。

◎ 燕子矶和采石矶

长江中下游两岸，砾岩、砂岩裸露，矗立江边，悬崖峭壁，突出江中。

三面环水、一面靠山的石滩，人们素来称它为"矶"。以矶命名的临江悬崖很多，如火烧赤壁的赤壁，称为赤壁矶；武昌的蛇山，称为黄鹤矶；还有湖南岳阳的城陵矶，安徽芜湖的螃蟹矶，安徽马鞍山的采石矶，江苏南京的三山矶、燕子矶等。

南京中央门外，长江的南岸，幕府山的东北端，有一座三面临水的小山，山高约36米，临江一面陡峭如削，峭拔秀丽，壁立江上，仿佛一只凌江欲飞的矫燕，人们称它燕子矶。

燕子矶自古是南北往来的重要渡口。相传明太祖朱元璋和清朝的乾隆皇帝都是从这里过江到南京的。现在矶头上还有一座碑亭，

拓展阅读

白垩纪

白垩纪是地质年代中中生代的最后一个纪，长达8000万年。白垩纪因欧洲西部该年代的地层主要为白垩沉积而得名。白垩纪位于侏罗纪和古近纪之间，约1亿3700万年前至6550万年前。发生在白垩纪末的灭绝事件，是中生代与新生代的分界。白垩纪的气候相当暖和，海平面的变化大。陆地生存着恐龙，海洋生存着海生爬行动物、菊石以及厚壳蛤。新的哺乳类、鸟类出现，开花植物也首次出现。白垩纪－第三纪灭绝事件是地质年代中最严重的大规模灭绝事件之一，包含恐龙在内的大部分物种灭亡。

上有乾隆1751年亲笔手书"燕子矶"三个大字和诗数首。从燕子矶向西南望，就是风景幽美的幕府山。

燕子矶的形成与岩石的性质密切相关，与断裂和流水的冲刷也不无关系。燕子矶由晚白垩世（距今1亿年到距今7000万年）的红色砾岩和砂岩组成。砾石的成分很复杂，但主要由石英砂岩和石灰岩成分的砾石组成，也含有燧石和火

南京燕子矶

成岩的砾石，胶结物质为铁质和沙质。岩石抵抗风化的能力较强，虽然千百万年来，长期受到长江流水的冲击，但今天仍然屹立江边。燕子矶的形成，除岩性这个重要因素外，还有"合作者"的帮助。今日长江流经之处，都是当年岩石的断裂破碎带。由于河水下切，两岸一度形成悬崖陡壁。因矶附近的岩石裂隙发达，把岩石切割成支离破碎的岩块，流水沿着裂隙侵蚀、冲刷，久而久之就变成平坦的河岸了。而矶台的岩石裂隙很少，岩石坚硬，流水无隙可乘，侵蚀力量比较薄弱，因此形成突出的小山，峭立于大江边上，燕子矶等矶石就是这样形成的。

在安徽省马鞍山市西南郊，有一个郁郁葱葱的临江山头，人们称之为翠螺山，也叫采石矶。这里悬崖绝壁，山势雄伟。唐代大诗人李白晚年时常来这里，留下了许多有名的诗篇。后人为纪念他，在矶头上盖了太白楼，又称谪仙楼。内有黄色木刻李白立像一尊，昂首远眺，神采奕奕。另有一尊太白卧像，他左手撑地，右手持酒杯，形象逼真。

采石矶由距今 1.5 亿年的侏罗纪的长石、石英砂岩组成，悬崖陡壁由断层切割而成。临江绝壁上，建有三元洞，半山有"联壁台"。仔细观察，可见砂岩中有页岩夹层。从对岸或船上还可看到采石矶岩壁呈一系列的三角形，地质上称为断层三角面，它是沿江大断层的证据。李白的《望天门山》诗云："天门中断楚江开，碧水东流至此回。两岸青山相对出，孤帆一片日边来。"从地质史上来说，长江两岸的山以及采石矶，原来都是连在一起的，由于断层把它断开了。"天门中断楚江开"是最形象不过的写

拓展阅读

侏罗纪

侏罗纪是一个地质时代，界于三叠纪和白垩纪之间，约 1 亿 9960 万年前到 1 亿 4550 万年前。侏罗纪是中生代的第二个纪，开始于三叠纪－侏罗纪灭绝事件。虽然这段时间的岩石标志非常明显和清晰，其开始和结束的准确时间却如同其他古远的地质时代，无法非常精确地被确定。侏罗纪是由亚历桑德雷·布隆尼亚尔命名，名称取自德国、法国、瑞士边界的侏罗山，侏罗山有很多大规模的石灰岩露头。

照了。

长江中下游的矶石都与岩性密切相关，如湖北的赤壁矶是晚白垩纪的东湖组砂岩，南京的三山矶是侏罗纪的火山岩组成。它们都是一些抗风化、抗腐蚀力强的坚硬岩石。由此可以说明，"矶"的形成和岩性的关系是非常密切的。

采石矶

◎ 峡谷明珠

在美国西部，有许多宏伟壮丽的大自然奇观，已被人们开辟为自然公园。其中以科罗拉多河的大峡谷和死谷最为著名，它们以大自然的奇伟雄姿吸引着那些酷爱大自然的人们。

在3000多平方千米的科罗拉多高原上，近于水平的砂岩，被一条条河流切割成了许多峭壁耸奇的峡谷。齐昂国家公园为蜿蜒的圣母河穿越，河流两岸绝壁如削，峭壁多由坚硬的红色和青白色砂岩组成。岩石上巨大的交错层理组成一幅幅奇绝的图案闻名于世。交错层的斜层理厚达10多米，是世界上罕见的地质现象。原来，在科罗拉多高原形成以前，这里是一片荒漠的沙海，风不停地卷起沙浪，此起彼伏。沙粒停积下来以后，形成了一组斜层理，若干地质年代以后，风向发生改变，又沉积了另一组斜层理。不同方向的斜层理彼此交错，就构成了交错层。高原的抬升和河流的下切使砂岩中的交错层露出地面，造成了宏伟壮丽的大自然奇观。

科罗拉多高原上的另一个天然公园就是火谷公园，它以美丽的砖红色砂岩为特色。疏松的不等粒砂岩经风雨不断

科罗拉多大峡谷

雕琢，形成了特殊的地貌景观。沿着砂岩中近于垂直的节理和砾石脱落后的小洞，形成了许多奇形怪状的石窟。

美国犹他州纪念谷

纪念谷公园却是另一番景色。公园里面散布着许多大小不等的平顶桌状残山，其间点缀着丛丛绿树和棕黄色的沙丘，还有许多奇形怪状的石柱，风景十分绮丽。砖红色的砂岩及砂页岩互层构成了桌状山。山下，分布着许多石蘑菇和石桌。

亚利桑那州的"化石森林"更加引人入胜。在彩色斑斓的山谷中，一段段"树木"、一块块"劈柴"在阳光下闪闪发光。仔细地看时，那些古老的树木已经变成彩色的化石，碧玉和玛瑙代替了木质纤维，形成了硅化木。较大的硅化木就像古代的大炮斜卧在山巅上。硅化木原来掩埋在砂岩中，由于砂岩被罕见的暴雨冲刷掉，硅化木就暴露在地面上了。大量硅化木的出现说明这里曾是一片广阔的冲积平原，河流的上游生长着许多高大的针叶树，洪水把大树冲到平坦的河床中，迅速地被泥沙和火山灰掩埋。深埋在泥沙中的大树，由于缺氧而没有腐烂，在其周围的泥沙固结成砂岩和页岩，成岩以后，树木中的木质纤维逐渐被硅质所代替，就成为硅化木。

基本小知识

河 床

　　谷底部分河水经常流动的地方称为河床。河床由于受侧向侵蚀作用而弯曲，经常改变河道位置，所以河床底部冲积物复杂多变。一般来说，山区河流河床底部大多为坚硬岩石或大颗粒岩石、卵石以及由于侧面侵蚀带来的大量的细小颗粒；平原区河流的河床一般是由河流自身堆积的细颗粒物质组成，黄河就是一个例子。

◎ 丹霞风景

广东省仁化县的丹霞山，是广东省四大名山之一。丹霞山南距县城不到10千米，是粤北茫茫群山中一簇峻峭的峰林，主峰长老峰和晚秀墩是群山的中心。周围有巍峨的僧帽、柱天的蜡烛、铜鼓寨、蹒跚的群象和壶山等，诸峰林立。

在丹霞山上，一座座"断壁残垣"、一根根擎天巨柱、一簇簇朱石蘑菇拔地而起，犹如列峰排空，巍峨雄奇。远眺丹霞诸峰，则群峰如簪，玲珑剔透，好像盆景石趣，精巧多姿。这些都是砂岩被溶蚀的标准地形。1928年地质学家冯景兰在粤北一带做地质调查时，特将其命名为"丹霞地形"。现在"丹霞地形"已经成为第三纪红色钙质砂岩、钙质砾岩形成的岩溶峰林的专称了。

远在6000万年以前，丹霞山还是烟波浩渺的一片碧水，湖底沉积着从四面八方搬运来的砾石和沙子，还有一些钙质充填在砾石和沙子的孔隙之间，在漫长的地质年代里，砾石和沙子被钙质胶结起来，固结成坚硬的岩石。后来，随着地壳缓慢抬升，钙质砾岩和砂岩暴露在地面上，地表水沿着岩石上面的垂直节理（裂隙），像雕刀一样切割、

广东丹霞山

冲刷、溶蚀，久而久之，就修凿出这千姿百态的峰峰岭岭。其也溶蚀出万千石洞，小如鹰巢，大如殿堂。现在整个丹霞山已成为地貌学中典型的丹霞地形。

◎ 落花如雨

相传，在南朝梁代（502—557），有位云光法师，在今天南京中华门以南约1千米的小山冈上讲经，感动了佛祖，天上落花如雨。自此以后，这一带的平台状小山丘就取名叫雨花台。小山丘上所产的花纹美丽、颜色鲜艳的鹅卵石，被称作雨花石。凡是到过雨花台的人，都要拾一些圆滑而色泽晶莹、花饰漂亮的雨花石回去，放在水碗中，或放在盆子里，用水浸泡，使它显示

出更绚丽的色彩、更美丽的花纹。

南京雨花台

用锤子敲击时可冒火花，在黑色燧石上可划出金属的条痕，用来鉴定金银，俗称试金石。翠绿色和蓝色的雨花石是含有铜矿物的硅质岩；紫色的含锰；黄色半透明的叫石髓，是一种胶体二氧化硅；同心圆状的雨花石，称为玛瑙。

雨花石是一种砾石，长轴大多是 3 ~ 5

实际上雨花石不是天上"落花如雨"的仙石，而是地面上一些普通顽石。雨花石的化学成分主要是二氧化硅，由石英砂岩、石英岩、硅质岩和火山岩等坚硬的岩石和石英、玉髓、蛋白石等硅质矿物所组成。颜色白如玉的雨花石为石英岩或矿物石英，红色的是含有铁质的石英岩；黑色的是燧石，

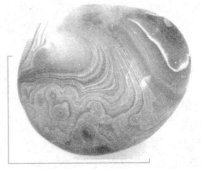

雨花石

厘米，平均粒径为 2.2 厘米，砾石的磨圆和光滑程度都很好。雨花石成层状分布在雨花台的山丘上，并有一定层位，这一层位叫做"雨花台砾石层"，有 10 多米厚，砾石之间为沙子。砾石和沙子的比例大致为 3∶1。

近半个世纪以来，雨花石的成因一直是人们所关注的问题。在距今 1200 万年 ~ 300 万年前，地质时代属第三纪晚期、第四纪早期，古长江及其支流

拓展阅读

蛋白石

　　蛋白石在矿物学中属蛋白石类，是具有变彩效应的宝石。它是天然的硬化的二氧化硅胶凝体，含 5% ~ 10% 的水分。蛋白石与多数宝石不同，属于非晶质，会由于宝石中的水分流失，逐渐变干并出现裂缝。

的水，把上游和周围山上的岩石碎块向下游搬运，在长途旅行中，石块和石块互相摩擦，石块与河床或两岸摩擦，磨成圆形或扁圆形的鹅卵石。那些硬度小的岩块被磨成沙或粉末；石英岩类的石块坚硬、耐磨，成为砾石。大量的砾石和沙子在地形变缓、水流速度变小的地方，就成层堆积下来，形成砾石层或沙砾层。

雨花石的来源比较复杂，它来自沉积石英砂岩、硅质岩、沉积石英岩、变质石英岩和火山岩（如玛瑙和碧玉）等。

黑色雨花石是很好的试金石，石英质的雨花石可作工业上的研磨材料，玛瑙质的雨花石是工艺美术原料。

◎金鸡石

广东名景之一的金鸡石，位于广东省乐昌县坪石镇金鸡岭。岭上金鸡石惟妙惟肖，闻名中外。金鸡岭上除金鸡石外，还有"瑞霄泉"、"拴马坪"、"一字峰"、"石蜡竹"、"点将台"、"练兵场"等名胜古迹。

由红色钙质砂岩、红色沙质页岩及红色含砾砂岩组成的"金

广东名景之一——金鸡岭

鸡"，身长约 20.80 米，高约 8.40 米，宽约 3.80 米，可谓天下最大的"雄鸡"了。"金鸡"全身"羽毛"通红，鸡头向北，鸡尾朝南，雄伟壮观，形象逼真。

金鸡石是大自然的杰作，组成它的红色沙砾岩、沙质岩石，是 5700 万年～6600 万年前地质时期中第三纪早期的产物。这套岩石的垂直节理（裂隙）发育，而且

金鸡石

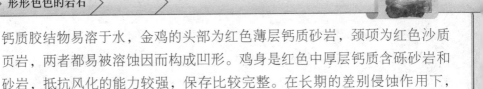
钙质胶结物易溶于水，金鸡的头部为红色薄层钙质砂岩，颈项为红色沙质页岩，两者都易被溶蚀因而构成凹形。鸡身是红色中厚层钙质含砾砂岩和砂岩，抵抗风化的能力较强，保存比较完整。在长期的差别侵蚀作用下，使残留的含砾砂岩、砂岩构成了淋蚀景观，形成了形如金鸡的金鸡石。

金鸡石之所以为红色，是因为岩石形成于干燥、炎热的气候条件下，砂岩中的铁质变成三价铁的缘故。

金鸡石是大自然的杰作，它也将被大自然所毁灭。科学家预言，它的寿命只有 4200 年左右。因为自然界中万物都处于不断的变化和发展中。所以，几千年后，金鸡石将被风化完，不翼而飞。

◎ 庐山真面目

江西省北部，长江的南边，鄱阳湖西岸，有一座高峻的山峰拔地而起，山水相映，风景秀丽，这就是有"匡庐奇秀甲天下"之称的庐山。山上水汽郁结，云雾弥漫，山色时隐时现，常有"不识庐山真面目"之说。庐山奇岩峭壁，清泉飞瀑，令人叹为观止。

庐 山

庐山山体呈东北—西南方向延长，长约 25 千米，宽约 10 千米。从成因上看，它是因断裂而隆起的断块山。山体周围多为断崖陡壁，峡谷纵深，飞瀑流云。山体上则相对起伏不大，谷地宽阔平坦，山地平缓。这种外陡而内平的地势在庐山处处可见。

例如庐山北坡，山内侧为牯岭宽谷，山外侧为著名的剪刀峡，从月弓堑到山下莲花洞，全长 2700 多米，高差达 600 多米，形成一条条悬泉飞瀑，倾泻而下。著名的好汉坡山道就在峡谷上段的左岸；庐山东坡的三叠泉，其上段为七里冲宽谷，向下为三叠泉瀑布，高达 300 米，分三级跌水，瀑布以下还是悬崖峭壁，形势险峻；庐山西南的芦林盆地，现已修成芦林大桥和风景优美的人工湖。在芦林大桥以下为幽深的峡谷，著名的黄龙潭瀑布、乌龙潭瀑布及下面的石门涧瀑布就处在峡谷之中。唐代大诗人李白所写的《望庐山瀑布》一诗中写道："日照香炉生紫烟，遥看瀑布挂前川。飞流直下三千尺，疑是银河落九天。"这是描绘瀑布奇观的杰作。

庐山的升起与断裂构造有关，然而庐山的地貌与风景区的形成，却与岩石的性质有关。例如，女儿城山由坚硬的砂岩组成；小天池附近的谷地，则由松软的页岩和千枚岩组成；宽展的西谷、东谷和大校厂谷地，也都由松软岩石组成。由砂岩组成的牯牛岭和猴子岭位于东谷和西谷之间，形成一条狭窄的山岭。在岭上，道路的两侧松树成林，松树路及"月照松林"是牯岭镇附近的胜景之一。大天池和仙人洞一带的陡峭崖壁，是由断层和垂直节理发育形成的，如被称

趣味点击　　黄龙潭瀑布

黄龙潭瀑布位于庐山牯岭之南、黄龙寺附近，是庐山6个以"龙潭"为名的飞瀑中最有名的一个。黄龙潭幽深、静谧，古木掩映的峡谷间，一道溪涧穿绕石垒而下，银色瀑布冲击着暗绿色的深潭。大雨初过，隆隆不尽的闷雷回荡在密林之中。静坐潭边，听古道落叶、宿鸟鸣涧，自然升起远离尘世、超凡脱俗之感。因黄龙潭处于两山之间，终日为藤蔓遮蔽，即使盛夏，也清新凉爽，颇有寒气，为避暑佳处。

为"奇绝"的龙首崖、仙人洞就坐落在峭壁上。砂岩夹有松软的页岩和千枚岩，同时岩层平缓、垂直节理发育，经过风化剥蚀，在页岩和千枚岩部位形成了岩洞，又经过人工修饰，便显示出仙人洞的险胜来了。

庐山北面大月山主要是粗砂岩，岩性坚硬，多形成高大的山岭，如大月山、五老峰等。五老峰上的五个峰岭，从东南面看，形如五老并坐，故称五老峰。庐山南部由松软的岩石组成，多形成浑圆状的山峰，如仰天坪西南诸峰及汉阳峰等，它们与北部山势景色迥然不同。

石灰岩与石林洞天

◎石灰岩

在碳酸盐岩家族中，人们经常见到的是石灰岩和白云岩"两兄弟"。它们几乎占沉积岩总体积的7.7%。石灰岩分布广泛，在地球上裸露的面积近130万平方千米，在各地质时期都有碳酸盐岩生成。石灰岩是保存古生物化石最好的"博物馆"，地质学家可以借助保存在地层中的古生物化石，考察生物的历史发展情况。

石灰岩类能溶解于水，特别是在富含二氧化碳的水溶液的长期作用下，便生成碳酸氢钙，完全溶于水并随水流失。许多景色绮丽的奇峰异洞，如云南的路南石林、广西桂林—阳朔一带的溶洞和溶蚀地形等，都是这样形成的。然而，石林和岩洞的成因也不尽是岩溶成因的，有的是砂、砾岩类的淋蚀石林和岩洞。

◎路南石林

在云南省路南彝族自治县境内，有一个由石灰岩构成的石林，人们称之为路南石林。石林的面积广大，达40余万亩，供游览的"林区"就有1200多亩。远眺石林，灰岩峥嵘，奇石点点，星罗棋布于阡陌田畴中。在"林区"内，在巉岩怪石中最大的一块石壁上，刻有斗大朱红色的隶书"石林"二字。举目四望，奇峰林立，百态千姿。石柱高的有20~30米，低的有5~10米；有的孤峰高耸，有的众柱成群，重重叠叠，丛丛簇簇，石峰如林。石峰之间，深狭的溶沟如蜿蜒的回廊、晶莹的溶蚀湖和迷宫般的地下洞，风景十分瑰丽。其中以石林湖、狮子亭、石林草坪、莲花峰、剑峰池和望峰亭等处风景最佳。

20世纪70年代初，在路南石林东北方向约20千米处，发现了一个石林新秀，比路南石林更加壮丽奇特。区内石柱多呈蘑菇状，远眺犹如灵芝丛生，人们称它为"灵芝林"。灵芝林耸立在一个巨大的浅碟形溶蚀洼地中央。石柱平均高约10米，最高的达40多米，形态多姿，似禽似兽，栩栩如生。人们望形生义，呼之为"骆驼爬杆"、"鹦鹉学舌"、"群象漫游"、"猛虎扑食"、"西天佛祖"、"羚羊格斗"、"海岸卫士"等。林区内陡壁如削，峡谷幽涧，深邃曲折，还有两个通往地下的溶洞口，洞下水流潺潺，四季常盈，洞内石笋、石钟乳、石柱琳琅满目，洞长约3000米，时宽时窄，曲折相通。

石林景观是怎样形成的呢？一方面，在距今2亿多年以前，地质时代为二叠纪时，我国西南地区是一片汪洋大海，沉积了巨厚而质纯的石灰岩。后来，在距今7000万年时，发生了巨大的地壳运动，即燕山运动，在燕山运动中西南地区渐渐抬升为陆地。在3000万年～2000万年以前，路南地区气温高而多雨，雨水中溶解有大量的二氧化碳和有机酸，因此，加速了石灰岩的溶解。另一方面，由于地壳运动，石灰岩产生了稀疏的裂隙，水沿裂隙向下溶蚀，逐渐形成峰顶与四壁成"V"形峡谷状的溶蚀裂隙，随着溶蚀作用的进行，裂隙逐渐加深，并向侧方扩大，形成石芽。石芽进一步发展，彼此脱离并增高，形成高大的石林型石芽。第三方面，由于石灰岩层面平缓，倾向在0°～10°之间，所以石芽分离后也不坠地，开始形成石林。第四方面，石林形成后，又被老第三纪地层覆盖，避免了石林在以后漫长的地质岁月中继续受到溶蚀。待到距今50万年的第四纪时，地壳回升，雨水将老第三纪地层冲刷殆尽，于是得天独厚的石林露出新颜，成为天下第一奇观。

◎ 桂林山水甲天下

以山水风光著称的桂林—阳朔一带，是一种石灰岩岩溶发育的峰林谷地和孤峰平原地形，是亚热带岩溶地形的典型代表。它的地形特点：在平坦的大地上和大江岸边，一座座山峰拔地而起，危峰兀立，各不相连。桂林市中心的独秀峰，奇峰突起，岿然独立，犹如一支擎天巨柱。其上题有"南天一柱"四个大字。有的山峰又相依成簇，奇峰罗列，形态万千，如七

桂林的独秀峰

桂林象鼻山

星岩有七个山峰相连，犹如北斗七星。有的山峰连绵成片，远远看去，好似千重剑戟，指向碧空，大有"欲与天公试比高"之势。

桂林山水地形的另一个特点：在石山腹内遍布着迷宫仙境般的岩溶洞穴，有人用"无山不洞，无洞不奇"的词句来形容溶洞的众多和变化无穷。实际上，这里不仅山山有洞，而且从山脚到山顶溶洞遍布，犹如层层楼阁。桂林市的迭彩山、七星山、象鼻山等，不仅形态奇特，而且其中的溶洞也各具特色。溶洞中石钟乳、石笋千姿百态。古今游人根据其形态，起了许多有趣的名字，流传了许多神话故事。如对歌台、仙人晒网、银河鹊桥、叶公好龙、望夫石、画山观马、还珠洞、孔雀开屏等。举世闻名的七星岩和芦笛岩就是这种溶洞的典型代表。

桂林—阳朔一带山水、岩洞之娟秀，自古以来就吸引着许多游人。自1500多年前的隋代直至今天，在岩石上和溶洞的洞壁上刻有大量的题词、诗歌、散文和雕像。其内容不仅有对大好河山的赞颂，还记载了许多宝贵的史实。它们是我国文化艺术中的珍品。

那么，桂林—阳朔一带怎么会形成奇特的岩溶地形呢？原来，远在距今4亿～2亿年

趣味点击　象鼻山

象鼻山又称象山，位于中国广西壮族自治区桂林市内，桃花江与漓江汇合处。象鼻山是桂林最重要的也是最经典的旅游景点之一，是桂林的城徽。象鼻山公园是桂林最著名的公园之一，以象鼻山为主景，以桃花江、漓江等衬托。象鼻山形状好似一只饮水的大象，鼻子伸进水中。象鼻山上有一座塔，名曰普贤塔，东边有一山洞，曰水月洞，洞中有水流过。山腰处还有一贯通的岩洞，好似大象的眼睛。象鼻山两边都有上山的石阶。

的古生代泥盆纪至二叠纪，广西壮族自治区全境曾是一片汪洋大海。在广阔的海洋中，沉积了厚达3000～6000米以石灰岩为主的碳酸盐岩层，为岩溶地形的形成准备了物质基础。二叠纪末期，此区地壳大面积抬升成为陆地，石灰岩暴露于地表。湿热的气候环境，使石灰岩遭受强烈的剥蚀和岩溶作

桂林的山水风光

用。到距今7000万～1亿年（地质年代为白垩纪），广西壮族自治区全境地壳强烈运动，岩石普遍发生褶皱和断裂，为岩溶作用向岩体深部发展创造了有利条件。第三纪以来，该地地壳缓慢上升，就使垂直方向的岩溶速度大于水平方向的岩溶速度，从而发育了许多深邃的小洼地。因此，广西壮族自治区的点点孤峰、美丽的峰林、岩溶平原和大面积的峰丛洼地的形成，除与地壳运动、湿热的古气候、地下水和地表水的侵蚀作用有关以外，主要是石灰岩易于溶解的性质造成的。

◎ 昆明西山"睡美人"

"曙光像轻纱飘浮在滇池上，山上的龙门映在水中央，像一个散发的少女在梦中，睡美人躺在滇池旁。"滇池圆舞曲以浪漫抒情的笔触，描绘了一幅秀丽的山水画卷。

数百万年以来，"睡美人"孤寂地躺在滇池边，她观望着日月的交替，憧憬着美好的未来。而滇池水波的浪花声，好似姑娘在喃喃低语。

相传，在很久以前，滇池里有一个美丽的龙女，她爱上了一个常在滇池里打鱼的青年渔夫。于是，她抛弃了神仙生活，下凡到人间，化作田螺。姑娘来到滇池岸边，同渔夫私订终身。年轻的渔夫接受了姑娘纯洁的爱情，与之结为终身伴侣。坚贞而纯洁的爱情使他们生活得十分美满幸福。不料，龙女许配渔夫的消息传到了龙王的耳朵里，龙王暴跳如雷，在滇池中掀起了万丈狂涛，一心要拆散这一对美满夫妻。一天，渔夫正在滇池打鱼，龙王兴风作浪，把渔夫淹死并埋在西山脚下。龙女不见丈夫归来，心急如焚，望眼欲

穿,她躺在西山之上,思念着丈夫,默默地等待着丈夫归来。多少个世纪以来,"睡美人"的眼泪不断,滇池水四季不干。

其实,"睡美人"的自然奇观,从地质角度看来,是由古生代的石灰岩组成,在喜马拉雅运动中,西山与滇池间产生一条断层,西山被推挤上冲,滇池下降,形成了高差达300~500米的陡峭断层崖,它就是"睡美人"健美的体态,稍低一些的断层崖就是"睡美人"的颈项。由于纵横交错的裂隙把石灰岩切割成网格状,富含二氧化碳的地表水,沿着这些网格状的裂隙溶蚀,日复一日,年复一年,整块石灰岩体被溶蚀成舒缓的孤峰,裂隙处就形成沟谷或低洼地貌,从而形成了"睡美人"。

◎ 太湖石及其他假山石

我国南方的园林胜景,在国内外都享有盛名。任何园林如要叠置别致的假山都少不了采用太湖石。人们欣赏太湖石,仿佛是在观看一幅清奇淡雅的水墨画。颐和园乐寿堂前院里摆着一块好几万千克重的太湖石,名曰"青芝岫"。这块巨石原是明朝大臣米万忠从房山县准备运来装扮米氏三园(漫园、勺园、湛园)的,由于石头太大,无法运回,半途而废了。清朝乾隆年间,皇室发现此石后,才搬来颐和园内。乾隆皇帝写了一首《青芝岫》诗来赞诵这块太湖石。

颐和园中的"青芝岫"

远在唐代,太湖石就用来叠砌假山,美化环境。到了宋代,统治阶级大建园林,太湖石的需求量日益增加。

苏州留园的"冠云峰",南京瞻园的"仙人峰",上海豫园的"玉玲珑"和杭州的"绉云峰",都是宋朝"花石纲"的一部分遗物。其中,苏州留园的"冠云峰"高约6.7米,被誉为园林湖石之秀。

20世纪80年代,中国园林建筑师为美国纽约大都会艺术博物馆,修建一座仿造苏州"网师园"殿春簃的"明轩"，因此，太湖石远渡重洋，蜚声海外。

太湖石是一种被溶蚀后的石灰岩，北京的房山等地也有产出。但以长江三角洲太湖附近的岩石为最佳，故得名太湖石。太湖石有"漏"、"瘦"、"透"、"皱"四大特色。

南方太湖石的颜色呈灰白或铁灰，多孔而且含有砾石。北京房山的太湖石颜色灰中泛黑，孔少且大，形态突兀、挺拔，别具风格，如颐和园里的"青芝岫"。南方和北方太湖石的差异，主要在于南方气温高、降雨多，水系发育，溶蚀现象普遍，甚至在溶蚀的同时，一部分小砾石又被碳酸钙溶液胶结起来，形成多孔而且含砾的太湖石。

在气候比较潮湿的江边、海滩上，石灰岩也可以造成太湖石；在以石灰岩为主的山区，地表的岩石遭受数十万年、甚至上百万年的风化作用

玲珑剔透的太湖石

后，也可以变成太湖石。一些为水泥厂或石灰窑提供原料的采石场上，那些凹凸不平、形状多样的石灰石可以直接取来做假山，效果也不亚于来自太湖的太湖石。所以，太湖石的来源是比较广泛的。

具有"漏、瘦、透、皱"特点的岩石，除石灰岩外，还有白云岩。但因白云岩的化学成分是碳酸钙镁，其溶蚀程度不如石灰岩。工艺师如能把它与典型的太湖石搭配使用，同样能获得美观、大方、玲珑剔透、柔曲圆润的效果。

园林建设中的石材，除太湖石外，常见的假山石还有石笋、板岩等。用它们叠石造山，与树木花草、碧波流水、亭台廊榭相衬，可以达到艺术美和天然美融为一体、移步易景的效果。

石笋叠石。造山用的石笋，不是石灰岩溶洞里的岩溶石笋，而是具有瘤状的泥质结核的石灰岩。这种岩石常呈狭长的柱状，表面具有圆形的瘤或小孔空洞，颜色有浅紫、灰绿、灰黄等。如果把它竖放在翠竹林中，恰好构成

"一株石笋夹成都"的绚丽景色。

瘤状泥质结核灰岩是在海水动荡的浅海环境中形成的。瘤是由泥质聚合形成的结核,被碳酸钙等沉积包裹形成岩石。当岩石暴露在地表,经风化、剥蚀时,由于泥质成分的瘤与周围碳酸钙成分的岩石抵抗风化的能力不同,最后就形成了瘤突出在碳酸岩外或泥瘤脱落成空洞,从而成为园林建设中的珍奇石材。

瘤状石灰岩常见于南方,主要分布在长江中下游。北京中南海瀛台有几根高达6米多的大石笋,是从浙江经长途搬运来的。那里的石笋颜色多样,红绿黄橙交辉,色彩明丽,石面凹凸,玲珑有趣。

广角镜

颐和园

颐和园位于北京市西北海淀区,是一座巨大的皇家园林和清朝的行宫。修建于清朝乾隆年间、重建于光绪年间,曾属于清朝北京西郊三山五园之一。颐和园素以人工建筑与自然山水巧妙结合的造园手法著称于世,是中国园林艺术顶峰时期的代表,1998年被评为世界文化遗产。颐和园以万寿山和昆明湖为主,昆明湖占颐和园总面积的四分之三。万寿山分为前山、后山两部分,前山有长廊、排云殿、佛香阁、智慧海、石舫、乐寿堂、国花台、听鹂馆、画中游等景点。

板岩。这是一种盆景石料。在盛满清水的花盆里,用板岩做成假山,山上植以青松、藤蔓,山水倒影,交相辉映,既有漓江风景之妙,又得黄山云海之秀,真是美不胜收。

有的园林,用板岩做假山造型也很优美。特别是在具有"小桥、流水、人家"的园林一角,沿岸用板岩造成假山,就会取得以假乱真的效果。

板岩是变质岩,这是由黏土岩或页岩类的岩石经区域变质作用形成的。所以,板岩比较坚硬,成板状,板面上有许多云母小片,发出耀眼的丝绢光泽,颜色有浅灰、深灰、灰紫等,色泽

很像皎洁的月色下的夜景或破晓的晨光。

板岩在我国分布广、产量多,五台山、大别山、泰山、秦岭、湘西、赣北、皖南、辽东半岛、吉林等地都较容易采到。

在叠石造山的园林建设中,有不少地区因地制宜,就地取材,选取了各

种火山岩当作假山石。那些灰色、紫色、黑色的，有许多大大小小气孔的火山岩及气孔中充填了硅质而形成的杏仁石，也是很好的假山石。

◎ 洞穴的奥秘

洞穴是大自然创造的美丽而奇妙的景观，它既是一种宝贵的自然资源，又是重要的科学研究对象。就洞穴的成因来说，有流水冲刷岩石而成的；有火山熔岩形成的；有石灰岩、白云岩、石膏等可溶性岩石经水溶蚀而成的。但是绝大多数洞穴是石灰岩类的岩溶洞穴。

我国是一个多洞穴的国家，许多洞穴已开发利用，最近又陆续发现和开发了不少岩溶溶洞，如江苏宜兴的张公洞、善卷洞、灵谷洞；浙江桐庐瑶琳仙境和建德灵栖洞；江西彭泽龙宫洞，广昌的龙凤岩；广东阳春凌霄岩；福建将乐的玉华洞；四川兴文石林及其洞穴，通江的大岩洞等，它们大部分都是石灰岩溶洞洞穴。

有的洞穴中生长着光彩夺目、晶莹剔透的矿物、石钟乳和石笋，千姿百态，变化万千，似田园诗画，伴以潺潺水声，游览其间，仿佛跻身于神仙美境。

有的洞穴中埋藏着人类祖先的遗骨和遗物。如我国的北京人、马坝人、柳江人和山顶洞人等人类化石，都是从岩溶洞穴内发现的。某些洞穴内还保存有人类最早的文化艺术作品——完整的洞穴壁画、浅浮雕、雕刻。所以洞穴也是古人类学、古生物学和考古学研究

拓展阅读

山顶洞人

山顶洞人指发现于中国北方的晚期智人。因化石地点在周口店龙骨山顶部、北京人洞穴上方的"山顶洞"内而得名。其重要化石及遗物均在1941年第二次世界大战期间随同北京猿人标本一起丢失而下落不明。山顶洞堆积已全部挖光，原来的洞顶已被挖掉，今后也不会再有新的发现。虽然山顶洞人化石已难以寻觅，但当时对重要的化石均制作了质量精良的模型。原始模型目前保存在中国科学院古脊椎动物与古人类研究所，科学家基本可以通过对模型的观测研究化石提供的信息。

的主要对象。

洞穴沉积物的生长速度测定，是地质工作者研究的内容之一。石灰岩岩溶洞穴内，生长着绚丽多姿的石钟乳和石笋，它们现在正以缓慢的不易察觉的速度生长着。比如每一千年石钟乳增长 2～20 厘米，这个速度在地质历史上是很惊人的。石钟乳、石笋等洞穴沉积物的生长速度是如何测定的呢? 目前主要采用历史的方法和同位素年龄测定的方法计算。

历史的方法：从某一历史事件到现在，有关的沉积物生长的长度或厚度除以时间，就是沉积物的生长速度。举例说明如下：桂林七星岩公园龙隐洞壁上有一块石刻，是宋朝张敏中、张定叟等 13 人的题名，距今约 800 年了。在石刻的石面上垂下一个 1.6 米长的石钟乳，用 800 年除以 1.6 米计算，石钟乳的生长速度是 2 毫米/年。

在同位素年龄测定方法中，一般采用 ^{14}C 法来测定洞穴沉积物的生长速度。从洞穴滴水中析出的含 ^{14}C 的碳酸钙沉积物，从它结晶之后，便停止与外界的同位素交换，放射性 ^{14}C 即按指数规律减少。因此只要测出样品中的 ^{14}C 残余含量，利用 ^{14}C 的半衰期，就能计算出该沉积物的 ^{14}C 年龄。据计算，桂林市南郊甑皮岩洞穴内的石钟乳、石笋和石灰华的生长速度分别为 0.011 毫米/年、0.05 毫米/年、0.133 毫米/年。

知识小链接

同位素

同位素是同一元素的不同原子，其原子具有相同数目的质子，但中子数目却不同。同位素具有相同原子序数的同一化学元素的两种或多种原子之一，在元素周期表上占有同一位置，化学性质几乎相同，但原子质量或质量数不同，从而其质谱性质、放射性转变和物理性质有所差异。同位素的表示是在该元素符号的左上角注明质量数。在自然界中天然存在的同位素称为天然同位素，人工合成的同位素称为人造同位素。如果该同位素有放射性的话，就被称放射性同位素。

◎妙趣横生的穴珠

在广西和贵州的许多石灰岩岩溶洞穴里，有一种洞穴沉积珍品——穴珠。

穴珠呈球体或椭球体，直径大小为 0.2～3 厘米。表面略呈棘皮状，又称"洞穴珍珠"、"石弹"、"石球"和"石莲子"。

洞穴奇景——穴珠

如果我们将一个穴珠剖开成两半，那么在切面上就可以看到，它的中心为珠核，由不规则的石灰岩或黏土质碎屑组成，一般大小为 0.2～0.7 厘米，从珠核向外，由数圈到数十圈同心圆组成，内圈为不太规则的多边形，向外渐渐地变得浑圆。

穴珠的主要化学成分是碳酸钙，含少量的白云石和泥质。属于一种次生的碳酸盐沉积结核，是溶洞形成以后生成的。

据研究，穴珠形成的条件有三个：其一是在石灰岩洞穴中，要有具吸附能力的珠核。这种珠核的成分可以是石灰岩、白云岩，也可以是钙质黏土。穴珠的同心圆层可以围绕它生长。其二是洞壁上有溶解重碳酸钙的水滴向下滴。当水滴滴在珠核上时，珠核吸附钙离子，形成胶体薄膜，分布在珠核外围，形成了同心圆构造。后来，在成岩阶段，胶体薄膜失去水分，结晶成细小的方解石晶体。其三是具有一定的水动力环境，珠核在接受洞壁上滴下来的水滴时，能使珠核转动。地下河水的涨与退，也能使穴珠转动，这样就可形成球状的穴珠了。否则，就会形成石笋、石灰柱一类与洞底相连的沉积物，而不能成为球状。

穴珠有两种类型，一种是与地下河有水力联系的，称新鲜穴珠。这种穴珠质地坚硬，表面光滑，球度高，具有明显的同心圆带，其下有流动的岩溶地下河。所以，利用穴珠可以寻找地下水。另一种穴珠则是与古地下河有关的产物，称为风化穴珠。多呈风化或半风化状态，质地疏松，同心圆带不清楚。

◎龙门石窟与石灰岩性质

我们伟大的祖国历史悠久，文化发达。石碑、石刻、壁画等文物保存了我国古代的艺术。龙门石窟、敦煌石窟、云冈石窟等已成为古代艺术的宝殿。石窟内的古代艺术能够保存到今天，是与构成石窟的岩石性质和它所处的地质环境有关的。

云冈石窟

龙门石窟位于洛阳城南13千米处，这里龙门山与香山对峙，伊水中流，形成一条长约1千米的南北向峡谷，峡谷两岸为石窟所在地。现存的2100多个窟龛及10余万尊雕像，几乎全部凿在峡谷西岸龙门山东侧的岩壁上，这个岩壁被称为"千佛岩"。

龙门石窟开始刻凿的时间约在北魏太和十七年（494年），距今1500多年。从窟龛的分布，雕像的配置及佛塔、碑刻等现存情况看，当时人们已有相当的岩石知识和地质知识了，其表现如下：

第一，石窟选在厚层状的石灰岩和白云岩岩壁上。岩壁由厚层状灰色白云岩、白云质石灰岩以及薄层状、页片状的白云质灰岩和泥灰岩组成，岩石倾角平缓，产状稳定。断续分布约1千米长的石窟，主要集中在岩壁南端和北端。南端为万佛洞至奉先寺一带，长300多米；北端在宾阳洞一带，长200余米。此二处窟龛密布，宛如蜂房，但中间数百米，虽然位置适中，景色秀丽，却很少开凿石窟，原因就在于两端的白云岩是巨厚层的，而且节理少；而中间则为岩性不均一的薄层或页状白云质灰岩及泥灰岩，易于破碎和风化。

第二，凡是精雕细刻的造像，窟龛的位置都凿在致密、坚固的白云岩上。例如万佛洞就开凿在厚达7米，结构致密的白云岩岩层内。含泥质的石灰岩（泥灰岩）和页岩容

龙门石窟

易风化，而质纯的石灰岩和白云岩，抗风化能力强。因此雕像都雕在白云岩上。

第三，窟龛的展布情况受岩层的延伸情况所控制。千佛岩有些典型地段，窟龛层层叠叠，错落有致，并且每个窟龛就在同一个岩层内。窟龛内的主要雕像也在一个岩层内。

知识小链接

白云岩

白云岩，是一种沉积碳酸盐岩。其主要由白云石组成，常混入石英、长石、方解石和黏土矿物。呈灰白色，性脆，硬度小，用铁器易划出擦痕。遇稀盐酸缓慢起泡或不起泡，外貌与石灰岩很相似。在冶金工业中可作熔剂和耐火材料，在化学工业中可制造钙镁磷肥、粒状化肥等。此外，也用作陶瓷、玻璃配料和建筑石材。

第四，大型石窟的施工避开了节理和岩层层面。在龙门石窟中规模最宏伟壮丽的奉先寺，有一组大致南倾的节理，而雕刻身高 10 米左右的雕像，都避开了节理。

由此可以看出：由于我们的祖先在开凿龙门石窟时，对岩石及其性质做了深入地了解，在选取佛像雕刻的位置和选用岩石上都做了周密的考虑，才给子孙后代留下这举世闻名的胜迹。但是，大自然的风化作用正在沿着层理进行，有的石像面部已产生了较深的风化痕迹。

▶ 花岗岩的胜景

◎ 花岗岩的形成

花岗岩是大陆地壳上分布最广的岩石之一。它有时成巨大的岩体出现，如我国云南个旧的一个花岗岩体出露面积达几万平方千米；有时大大小小的岩体沿一定方向排列，成岩带出现，如我国东南沿海和东北兴安岭、长白山一带，花岗岩成群出露，其总面积达数万平方千米；有的花岗岩体只在地面上露出个头，而大部分还深深地埋藏在地下。

由于地质构造运动，一些花岗岩体被抬升上来，其中有些花岗岩体构成了巨大的山系，经断裂破坏、流水等大自然的雕凿，形成了陡崖峭壁及奇特的地貌。

花岗岩是怎样形成的呢？目前众说纷纭。早在20世纪初期，一般都认为花岗岩是地下深处的玄武岩浆变质而成的。即地壳深处有一个全球性的岩浆层，成分相当于玄武岩。当岩浆受挤压向上侵入的时候，随着温度的降低而结晶。最先结晶的是暗色的辉长岩，然后，闪长岩和花岗岩依次结晶。这种学说称为一元论。后来发现这个理论与一些地质现象相矛盾，于是又提出了多元论，认为地壳深处存在着多种岩浆，如玄武岩浆、花岗岩浆等，花岗岩由花岗岩浆冷凝结晶而成。随着科学的发展，又有人认为花岗岩是地壳岩石经过花岗岩变质形成的，这个观点已得到了越来越多的支持。

◎ 华山天下险

华山在陕西省中部，渭河平原之上，华阴县境内的白云深处，一峰挺立，直插云霄，危崖绝壁，峡谷深邃。

以险著称的华山

自古道："峨眉天下秀，华山天下险。"唐代诗人杜甫在《望岳》中写道："西岳峻嶒竦处尊，诸峰罗立似儿孙。安得仙人九节杖，挂到玉女洗头盆。"诗中"峻嶒竦处尊"既道出了华山陡峻峭险的可畏，又说出了攀登的困难，只有得到"仙人九节杖"，才能挂到"玉女洗头盆"的玉女峰。

华山顶峰由西峰、南峰、中峰和东峰组合而成。山上奇峰林立，山势挺拔险峻，构成了"沉香子斧劈石"、"玉女洗头盆"、"二十八宿潭"和"回心石"等80处名胜古迹。那么，华山究竟是怎样形成的呢？我们还是从组成华山的岩石说起。

华山又叫小秦岭，是花岗岩组成的山。它四周的山岭是由古老的变质岩组成。大约距今 7000 万年，在地质时代的白垩纪，地壳发生过强烈运动，随着有花岗岩的侵入，形成华山的花岗岩岩体就是这次侵入形成的一个岩株。岩株是一种岩体，其立体形态像树干，在平面上呈椭圆状。华山岩株东西长约 15 千米，南北宽约 10 千米，面积约 100 平方千米。后来，华山几经上升，而北麓又多次下陷，这样华山岩体就暴露于地表，经受水的冲刷和各种各样的风化作用。

华山之险峻，在岩石方面有三个原因：第一，由于花岗岩的岩性十分坚硬，抵抗物理风化的能力很强；在化学成分上，花岗岩是一种含二氧化硅很高的岩石，因此岩石抵抗化学风化的能力也较强；在矿物成分上，主要成分是石英和长石，黑云母很少，风化作用是欺软怕硬的，华山周围的片麻岩和片岩，因不耐风化而早就被夷平了。因此，由花岗岩组成的华山就在自然界的风雨中傲然屹立。第二，在花岗岩体上，常常具有纵横交错的节理，特别在岩体边缘节理尤其发达，给风化剥蚀创造了条件。而且，节理使岩石整块塌落，形成了突兀的柱状山崖，"千尺幢"就是大自然沿着节理修凿而成的。第三，华山的岩体比较年轻，是华山险峻的另一个原因。地球在 46 亿年的漫长历史中，有过多次的岩浆活动，而形成华山花岗岩的岩浆侵入年代，距今仅约 1 亿年。古老岩石饱经沧桑之变，而年轻的花岗岩受的变动少，受风化剥蚀时间短，因此更坚硬、更耐风化，形成奇而险的地形。

除此之外，华山东西两侧河流下切和南北两个断层错动，使华山形成"太华之山，削成四方"的陡峭、峻险、雄伟的花岗岩地形。

◎ 黄山归来不看岳

巍立于皖南的黄山虽不是五岳，但它的名胜古迹、绮丽风光比五岳实有过之而无不及。它胜过泰山的雄伟、华山的险峻、衡山的烟云、恒山的景色、嵩山的名胜，风貌独具一格。那里"云海"、"奇松"、"怪石"、"温泉"驰名中外，合称"四绝"。自古以来有"黄山归来不看岳"之说。

由花岗岩构成的黄山风景区有 1200 多平方千米，著名景观有猴子观海、剪刀峰、莲花峰、云涌奇峰等 72 峰。莲花峰海拔约 1864 米，是群峰之巅。它与天都峰、光明顶合称三大主峰，位于风景区的中部，登上三峰可以鸟瞰全山。

组成黄山的大小诸峰，参差错列，峰峦之间峭壁千仞，深渊万丈，沟壑纵横，云海起伏，好像波浪汹涌的海洋。悬崖陡壁上，长满了千古奇松，峰峦之上，石骨嶙峋，隽秀活泼，玲珑奇巧，如人如仙，似鸟似兽。传闻我国明代地理学家徐霞客游览了全国名山胜水后感慨地说："薄海内外无如徽之黄山。登黄山天下无山，观止矣！"

基本小知识

徐霞客

徐霞客，明朝江阴人。伟大的地理学家、旅行家和探险家。他先后游历了今衡阳市所辖的衡东、衡山、南岳、衡阳、衡南、常宁、祁东、耒阳各县（市）区，饱览了衡阳市的秀美山水和人文大观，留下了描述衡阳市山川形胜、风土人情的15000余字的日记。他对石鼓山和石鼓书院的详尽记述，为后人修复石鼓书院提供了珍贵的史料。

黄山云海

黄山为何这般秀丽呢？从岩石角度看，它是由坚硬的花岗岩组成的。随着地壳构造运动，花岗岩体不断抬升形成了高山。同时，构造运动又使岩石发生断裂、破碎，后经流水、冰川沿裂隙进行切割，就这样形成了悬崖陡壁。风化作用又像技艺精湛的石匠，用神斧仙刀把断裂的花岗岩修饰成了各种奇特的形态，此外，在黄山形成过程中，冰川的特殊作用是值得注意的。几十万年以前，地质时期为第四纪的时候，我国是一个冰天雪地的世界。这时的黄山也是冰雪的海洋。在山岳区域，由冰雪形成的河流——冰川在缓慢地流动。它像传送带那样，携带着沿途的石块，而冰川的刨蚀作用，像一把大的开山斧，将黄山铲、刨、刮、磨，雕刻成独特的冰蚀地形。要是你去过黄山的话，也许还记得在天都峰陡峭的山峰下，高高悬挂的簸箕状冰斗吧！它就是冰川在向下流动时，挖刨成的斗状凹坑。远处看去，一个"U"形山谷高挂在半山上，人们称之为冰斗。

黄山迎客松　　　　　　　　　　　　　黄山温泉

黄山脚下，有一处温泉，常年水温为42℃，水质清澈，是天然疗养胜地，黄山宾馆就建在这里。这是一个重碳酸盐型的温泉，泉水来自花岗岩体与砂岩的接触带和断裂破碎带。温泉的形成与深部的花岗岩体有关。

◎ 狼山风火轮

狼山在内蒙古自治区西北部，山上风光绮丽，引人遐想。传说当年美猴王孙悟空大闹天宫时，和哪吒三太子在空中鏖战，孙悟空从耳朵里取出金箍棒，三晃两晃变成碗口粗的铁棒，手起棒落，打在哪吒身上。哪吒三太子口喊饶命，脚踏风火轮，转身就跑。急忙中将一只风火轮落在狼山上，而今山上立着一块圆盘状石头就是那个风火轮的化身。风火轮燃烧时的熊熊大火，照耀狼山，昼夜通明，至今在岩石上还留下了"火星儿"。

这风火轮是怎么回事呢？的确，在狼山上立着一块圆盘状的大石头，形状很像石碾或石轮子，当地人称为"风火轮"。由于这块奇石，人们编造了这个神话。但在地质工作者看来，这块石头并不奇，它是一块普通的花岗岩，只是花岗岩上节理比较发达，纵横交错把岩石切割成板状。而且，这里的气候多风，一年中，小风不断，大风常见，年平均风速在3米/秒以上，飞沙走石，风夹带着沙子、砾石，吹打在岩石上面，久而久之，岩石被风化、剥蚀成板状的花岗岩块。经长期风化剥蚀后，就形成了形状奇特的摇摆石——"风火轮"。

那么，岩石上的火星又是怎么回事呢？仔细地看去，那落在"风火轮"

上的火星是结晶比较粗大的钾长石，呈肉红色，均匀嵌布在花岗岩中，人们形象地说它是点点"火星"。

◎ 东山岛风动石

福建省东山岛是地处东海和南海之间的大陆岛，滔滔的海浪和海滨的风动石、东门塔屿、虎崆滴玉、石僧拜塔……构成风景幽美的胜迹。其中，坐落在东山城关东门外海滨的风动石最为引人注目。风动石高3米多，宽1米多，重约40吨，像一个巨大的石桃屹立在濒临海岸的石盘上。风动石上小下大，底部呈圆弧形，与石盘相贴处只有几寸，半坐半悬，摇摇欲坠。每当狂风吹来，它就像不倒翁那样摇摇晃晃，

风动石

由此得名风动石。人们站在海滩上仰望，只见石身晃动，好像要倾倒下来，古人称这块风动石为"天下第一奇石"。

多少年来，到这里来欣赏海滨风光、奇石胜景的人络绎不断。历代文人题诗赋词，留下了许多诗词和石刻。风动石成为东山岛名胜八景之一，现作为文物加以保护。

风动石是由花岗岩组成的。原来花岗岩上节理发达，纵横交错，海浪和雨水沿着岩石节理侵蚀而脱落。没有节理的部分又特别抗风化，形成了有趣的地貌和奇形怪状的石头。

玄武岩及其火山景观

◎ 玄武岩浅说

1943年2月，人们亲眼看见墨西哥的帕里库廷火山，在短短的一周内，

在一片玉米地上堆起了 100 多米高的山峰，这是多么难得、多么壮丽的火山景象啊！

玄武岩是一种火山喷出岩。它颜色暗黑，有时呈紫或带绿的颜色，常常有气孔。如果气孔中充填有玛瑙和方解石等浅色矿物，宛如杏仁，称为杏仁状构造。玄武岩的比重为 3，比一般岩石要重一些，这是由于在化学成分中含铁质较多的缘故。其矿物结晶比较细小，要在偏光显微镜下才能分辨出来。它由斜长石、辉石、橄榄石和少量的磁铁矿组成。从化学成分来说，玄武岩含二氧化硅 45% ~ 52%，属于基性岩类。此外，玄武岩还含有较多的三氧化二铝、三氧化二铁、氧化镁，以及较少的氧化钙、氧化钠、氧化钾等化合物。

知识小链接

斜长石

斜长石是长石的一种，是一种在地球上很常见且很重要的硅酸盐矿物。斜长石并没有特定的化学成分，而是由钠长石和钙长石按不同比例形成的固溶体系列。斜长石是两种矿物的固溶体这一性质首先是由德国矿物学家于 1826 年发现的。在斜长石中，钠原子和钙原子可以在晶格中相互替代，按此两种原子的比例可将斜长石继续划分成从钠长石到钙长石的不同子类。

玄武岩这个名字的来历有种种说法。一说，"玄武"一词是从日文引入的。日本兵库县但马地方有个玄武洞，因由玄武岩组成而得名。一说西语玄武岩来源于埃塞俄比亚语，为黑色大理岩的意思。我国古代的"玄武"一词是指神龟，即"玄武者古之神龟也"。原来乌龟的龟壳上由 13 块六角形的块组成。而玄武岩在岩浆冷凝时，由于体积收缩，往往在垂直方向上成六方柱状裂开，地质学上称之为柱状节理，在平面上看，很像乌龟壳的形状，因此，把这种岩石称为玄武岩。

20 世纪 60 年代以来，玄武岩引起地质学家浓厚兴趣，其原因在于：

第一，玄武岩分布十分广泛，在陆地上的分布面积可超过一个欧洲大国——法国。它广泛分布于太平洋沿岸的堪察加半岛、日本、印度尼西亚、新西兰和阿拉斯加，以及我国黑龙江省的五大连池、海南省海口市的雷虎岭、四川省峨眉山市的峨眉山、云贵高原和河北省张家口附近的汉诺坝等大陆内地。在占地球表面积70%的海洋底部，几乎全由玄武岩组成。海底的玄武岩来自大洋中脊大裂谷，几十万千米长的裂谷中不断喷出玄武岩，新喷出的玄武岩把先前的玄武岩向裂谷两侧推移，这种推陈出新的喷出，使得主张板块构造学说的学者特别感兴趣。

第二，最近发现，越来越多的矿产资源与玄武岩有关。例如自然铜、冰洲石、大型铁矿和黄铁矿型的铜矿都与海底喷发的玄武岩有关。玄武岩本身就是很好的铸石材料，它具有耐酸、抗腐蚀等性能。把玄武岩重熔之后，倒在模具里，铸成各种产品。用玄武岩抽成丝编织成布，比普通玻璃丝耐火度高，抗碱性好。

第三，玄武岩浆来自300千米以下的上地幔，沿途还把上地幔的二辉橄榄岩夹带到地壳上来，这就是地质学所说的"玄武岩筒包裹物"。因此，对玄武岩及其包裹物的研究，可以了解上地幔的物质成分。1959年国际地球物理年以来，地质学界掀起了研究玄武岩筒中的包裹物的热潮。

第四，玄武岩具有一种绝妙的景色。那就是柱状节理和枕状构造所造成的地貌景观。柱状节理是玄武岩浆冷凝时体积收缩产生的一种裂开，这种裂开常常垂直岩层面，呈六边形、正方形、菱形，柱高可达数米或十多米，景色蔚为壮观。苏格兰的神仙台阶就是玄武岩的柱状节理景观。

海底喷发形成的玄武岩，形成枕头状的岩块，叠堆起来形成另一种地貌景观，地质学上称枕状构造。

张家口附近的汉诺坝和贵州梵净山的玄武岩都有很好的枕状构造。

◎ 海底的奥秘

20世纪20年代，海洋研究发展到利用回声测深技术探测海底地形。所谓回声测深技术，就是从船上向海底发出声波，通过仪器测量从海底反射回来声波所需要的时间，再乘上声波的速度，就可以测定海底离海面的距离。通过测量发现，大西洋、太平洋和印度洋等海底地形是此起彼伏，崎岖不平的。海底山脉蜿蜒连绵称为海岭，海沟深入海底，海岭和海沟有规律地组合，呈长条状平行排列。在山脉中以中央海岭的规模最大。海岭、洋中脊，甚至海沟几乎全由玄武岩组成。利用深海钻探取得的玄武岩标本，经过放射性同位素绝对年龄测定，中央海岭的玄武岩年纪最轻，两侧玄武岩的年龄较老，越往外的玄武岩年龄越老，最高达 2 亿年 ~ 3 亿年。通过海底照相还发现，年轻的海岭和洋中脊的中部，有被拉开的痕迹。如此看来，海岭与陆地上的大山脉有着明显的不同。

那么，中央海岭是怎样形成的呢？科学家们经过深入地调查研究认为，中央海岭是地幔软流层物质流出地壳的出口，中央海岭由地幔上升上来的玄武岩组成。由于地幔物质不断从中央海岭挤压，所以，新的海底地壳不断地从这里产生。每当新的玄武岩从海岭破裂带喷出后，原先的玄武岩就向海岭两侧推移，每年推移的距离可达几厘米。例如，从太平洋海岭喷出的玄武岩大约经过 1 亿年的移动，就可到达日本和菲律宾的海沟附近，又从海沟那里重新卷入地球的深处。就这样，整个海底的玄武岩都在进行"新陈代谢"。这个事实正是海底扩张学说的证据。

20 世纪 60 年代，板块构造学说逐渐兴起，它有力地支持了海底扩张学说。因此，海底玄武岩的形成及分布情况都是板块学派所关注的问题。

板块学说认为，地球表层的岩石圈不是一个整块，而是由几个不连续的，厚度约为 100 千米的小块镶嵌而成的，这些小块就称为"板块"。板块与板块之间由缝合线彼此连接。最初，人们把全球分为六大板块，即亚欧板块、非洲板块、美洲板块、太平洋板块、南极洲板块和印度洋板块。后来，有的人又从中分出许多小板块，如中国板块、土耳其板块等。每个大板块都由几个小板块组成，但各家划分意见不一，尚待进一步研究。

中央海岭是相邻板块接触的地方，相当于两个板块之间的缝合线，是地壳上的大裂隙。地幔物质——玄武岩浆沿着裂隙喷出来，经过不断地冷凝，逐渐形成巨厚的玄武岩层。所以，地质学家都承认玄武岩是组成大洋壳的基本物质。

◎ 五大连池奇观

被誉为火山地质博物馆的五大连池火山群，位于黑龙江省德都县城外 20 千米，这里已成为火山游览胜地和利用矿泉水治病的疗养场所。

五大连池火山群以 14 座拔地而起的火山锥组成。这是距今 69 万年、第

五大连池

四纪更新世以来玄武岩浆的喷溢物。位居火山群中部的老黑山和火烧山是我国最新的火山之一，于1719～1721年爆发。

火山群和玄武岩流分布的范围约800平方千米。火山锥高低不一，高度在65～160米，火山口的形状各种各样：有漏斗状、盆状、圈椅状的等，它们的豁口就是当年玄武岩浆流出的地方，14座火山锥分两排，大致成井字形分布。这种分布格局表明，火山受到深部断裂的控制，东北方向的断裂与西北方向的断裂交汇点就是火山锥分布的地方。

蔚为壮观的熔岩地貌最为引人注目。科学工作者告诉我们：火山爆发时，有大量液态的高温熔融物质喷发出来，这种喷出物被称为熔岩流。它的温度一般为750℃～850℃，表层温度更高一些，可达1000℃～1200℃。这是由于表面与空气接触，发生强烈氧化的缘故。在岩浆中，玄武岩流的黏度是最小的，它的流动速度最快，每小时可达十几米到几十米。从老黑山和火烧山喷出来的熔岩流以每小时几十米的速度向四周流去。当流入火山附近的白河时，就堵塞了河流的去道，因此在不到5千米的白河河道上，筑起五道熔岩堤坝，把河流堵塞成五个湖泊，成为火山堰塞湖，五大连池因此而得名。

五个有水道相连的弯月形火山堰塞湖，好似五颗明珠成串地镶嵌在火山锥之间，风景格外秀

你知道吗

堰塞湖是什么

堰塞湖是指山崩、泥石流或熔岩堵塞河谷或河床，储水到一定程度便形成的湖泊。通常为地震、火山爆发等自然原因所造成，也有人为因素所造就出的堰塞湖，例如：炸药击发、工程挖掘等。堰塞湖通常是不稳定的地质状况所构成，当堰塞湖构体受到冲刷、侵蚀、溶解、崩塌等作用，堰塞湖便会出现"溢坝"，最终会因为堰塞湖构体处于极差地质状况，演变为"溃堤"而瞬间发生山洪暴发，对下游地区有着毁灭性破坏。

丽。熔岩流在陆上向南延伸 10 多千米，宛如黑色的巨龙躺在地上，人们称它为"石龙"。"石龙"熔岩姿态万千，造型幽美。有的像山洪暴发形成的瀑布，称为熔岩瀑布；有的像爬虫伸足，似象鼻吸水；有的像一根根绳子，被称为绳状构造；有的像大海的波涛，像河里放运的木排；有的像石熊，有的像猛虎等，不一而足。

由于熔岩流的温度急速下降，当表层固结后，内部气体夹带着液态熔岩从裂隙向外喷出，就形成了环状的、喇叭花状的喷气穴。

在五大连池的火山喷发物中，各种各样的火山弹尤为引人注目。有球状、椭圆状、梨状、纺锤状、蛇形和麻花状的等，火山弹形色多样，为别处所罕见。

➡ 变质岩与泰山、嵩山

◎ 变质岩

物质发生变质的现象，到处都可以见到。例如，用炉火烤馒头，馒头可以烤成焦黑，此时碳水化合物失去了水分和二氧化碳，全部变成炭质。馒头由于温度的增高而发生了变质。岩石也是这样，在一定高温高压下，和化学性质活泼的成分如水和各种酸作用，也会发生变质。只不过它变化得比较缓慢，而且在地下比较深的部位进行罢了。

变质岩是已经形成的岩浆岩、沉积岩，在地壳运动、岩浆活动的影响下，受到高温高压以及气体的作用，使原来岩石的矿物成分、结构和构造发生改变，生成的一种新的岩石。

岩石在高温的作用下，有些矿物成分可以重新结晶，有些矿物成分彼此间发生化学反应，从而产生新的矿物。岩石在高压的作用下，可以产生体积较小，比重较大的新矿物。同时，又可以使一些岩石中的矿物定向排列，从而使岩石具有板状构造、片理构造等。

常见的变质岩有石灰岩变质形成的大理岩，砂岩变质而成的石英岩，泥质岩变质形成的板岩、千枚岩、片岩和片麻岩等。岩石在变质过程中，有些矿物发生相对富集，可以形成具有工业价值的矿床，例如我国的鞍山铁矿，就是由含铁石英岩经变质作用后形成的大型铁矿。

◎ 泰山与泰山杂岩

泰 山

东岳泰山坐落于山东省泰安市内，长约 200 千米，山势雄伟突兀，山内怪石古松，奇岩瀑布，令人叹为观止。著名的古迹有岱庙、碧霞祠、五人松等，其中以玉皇顶观日出最为壮丽。秦始皇于公元前 219 年曾到此封禅。

泰山上下，石刻漫山遍谷，有"天然的书法展览馆"之称。泰山石刻有楷、隶、草、篆四种字体书写的碑文、经文、诗词和题词，内容丰富、形式多样。石刻多集中在岱庙、岱顶大观峰和泰山东路沿途。岱庙石碑如林，有"石刻之城"的美誉。其中，秦朝李斯小篆石刻，距今已有 2180 多年，是我国最古老的石刻。2000 多年来几经沧桑变化，剥蚀至今还剩下九个半字。"望岳碑"以流利的草书，刻记了诗人杜甫的名句"会当凌绝顶，一览众山小"。

泰山东路两旁的石刻中，有北齐人所书的《金刚经》，书法遒劲有力，隶书字大 50 厘米，向来以我国书法"大字鼻祖，榜书之宗"著称。经文

趣味点击 隶书

隶书是汉字中常见的一种庄重的字体风格，书写效果略微宽扁，横画长而直画短，呈长方形状，讲究"蚕头雁尾"、"一波三折"。隶书起源于秦朝，由程邈整理而成，在东汉时期达到顶峰，书法界有"汉隶唐楷"之称。隶书是相对于篆书而言的，隶书之名源于东汉，又称"八分书"。隶书的出现是中国文字的又一次大改革，使中国的书法艺术进入了一个新的境界；是汉字演变史上的一个转折点，奠定了楷书的基础。

经历了 1400 多年风化剥蚀，至今尚存 1043 个字。

岱顶大观峰一带岩石陡如刀削，岩壁上各种题字、石刻密集。其中，唐摩崖碑刻闻名中外。

泰山摩崖石刻虽经千百年，但至今基本保持原貌，这是与泰山的岩石性质有关的。泰山是由什么岩石构成的呢？这里的岩石全部是古老的泰山群花岗岩，也就是花岗混合岩。这种岩石已有近 25 亿年的历史，石刻绝大多数是刻在这种致密坚硬的岩石上。

泰山摩崖石刻

当你登上泰山，饱览雄伟而秀丽的景色之后，仔细地看看脚下的岩石，可以发现：这儿的石头常常点缀着各种美丽的花纹。有的像一幅山水画；有的像一群翩翩起舞的仙女；有的像一位驼背的老叟，头戴斗笠，身披蓑衣，静坐垂钓；还有的像南天门朝圣的文武百官。这种神奇的图案，不胜枚举。这些泰山混合岩是怎样形成的呢？泰山地区是古代海槽的一部分，堆积了一套泥沙质和基性火山物质的巨厚地层，这就是泰山岩石的原来的成分。在地壳强烈运动的影响下，地层褶皱隆起，岩浆大规模侵入，大量温度高、活动性大的流体物质，沿着裂隙贯入或渗透到岩石中去，并与岩石发生强烈的交代作用。流体物质不断地从岩石中溶解和带走一些含铁、镁的物质，同时又送来一些硅、钾、钠。在交代作用进行得不完全、不彻底的情况下，原岩的残留体与流体物质就形成黑白相间的条带。这些条带宽窄不一，时而平直、时而弯曲，形态各异。岩石学上将这种岩石称混合岩。

混合岩是一种变质程度很高的岩石，在我国分布很广。大多数古老的岩石都是混合岩。泰山的混合岩又叫泰山杂岩。泰山杂岩是在距今 24 亿年前形成的，而泰山现在的基本轮廓是在距今 3000 万年的新生代中期形成的。过去人们常把泰山和泰山杂岩的形成时间混为一谈，这是不对的。先有泰山杂岩，后有东岳泰山的说法才是科学的。

◎嵩山访古

中岳嵩山地处我国中原河南省登封县境内，西临古都洛阳，自古以来就是游览胜地。

嵩山东西长约 75 千米，南北宽 20 多千米。山体大致以登封城西的少林河为界，分为两大部分，少林河以东为太室山，少林河以西为少室山。太室山雄浑高大，巍峨壮观，海拔 1494 米。主峰为峻极峰。清乾隆皇帝游此山时，赋诗立碑，所以又称"御碑峰"。人们常说的"中岳嵩山"指的是嵩山主峰——峻极峰及其附近的山体。

少室山由御寨山和九朵莲花山等山峰组成。那里群山耸立，层峦叠嶂，莲花山拔地而起，侧望恰似莲花怒放。御寨山海拔 1400 多米，山上怪石嶙峋，林木苍翠，山顶宽平如寨，分为上下两层，四面有天险可守。相传明朝末年，李自成农民起义军的将领李际迁曾带人马在山上安营扎寨。站在御寨山上可以鸟瞰嵩山 72 峰。明代地理学家徐霞客，曾经在其游记中盛赞嵩山为"天下奇景"。

嵩山的山腰和山脚下寺院林立，仅宋代就有 72 寺院，素有"三里一寺，五里一庵"之说。又因地处中原，西临九朝古都洛阳，东离七代京都汴梁不远，历代帝王将相、文人墨客、高僧名道都来嵩山游览、隐居、传教和著书讲学，所以名胜古迹甚多。现存的主要名胜古迹：我国最早的佛教禅宗寺院——少林寺；秦朝道教庙宇——中岳庙；北魏嵩岳寺塔；我国最古老的天文台——告成观星台；我国古代四大书院之一的嵩阳书院；汉代三阙——太室阙、少室阙、启母阙；汉代古寺——法王寺。

嵩山少林寺位于少室山北麓五乳峰下。始建于 495 年，距今有 1500 多年的历史了。寺院规模宏大，古柏参天，碑塔如林，禅堂殿阁，庄严宏伟，号称"天下第一刹"。相传寺内武僧众多，武艺高

嵩　山

超，是佛教禅宗和少林派拳法的发源地。

嵩山少林寺

嵩山究竟为什么会如此高大呢？嵩山主要由一些坚硬的、不易风化的石英岩组成。强烈的地壳上升运动，把它抬升起来高出地面数百米，形成群山耸立、层峦叠嶂的山势。《诗经》上称"嵩高为岳，峻极于天"，古有"峻极峰高四望雄，中原颖气弱天中，西连华岳三峰渺，下瞻黄河一线通"的说法，都是对嵩山高大雄伟的绝妙形容。

基本小知识

《诗　经》

　　《诗经》是中国最早的诗歌总集。《诗经》原本叫《诗》，共有诗歌305首，因此又称"诗三百"。从汉朝起儒家将其奉为经典，因此称为《诗经》。（正式使用《诗经》，应该起于南宋初年。）《诗经》中的诗的作者，绝大部分已经无法考证。其所涉及的地域，主要是黄河流域，西起山西省和甘肃省东部，北到河北省西南，东至山东省，南及江汉流域。

　　嵩山是什么时候形成的呢？远在25亿年前的太古代，嵩山地区还是一片汪洋大海，海底沉积了泥沙、火山喷出物等，在漫长的地质历史时期，这些物质变成了石英砂岩和火山岩。在距今17亿年～19亿年前，嵩山地区发生了一次强烈的地壳运动，地质学上称嵩山运动，使海底沉积的石英砂岩和泥质岩石变质，形成了石英岩。

◎ 启母石

　　嵩山有许多的文物。这里有雄伟壮丽的中岳庙，有闻名中外的少林寺，有我国现存最古老的阙——太室阙、少室阙和启母阙，通称为嵩山"汉三阙"，是珍贵的汉代庙阙。

启母石

崇福宫东，矗立一块巨石，数里以外就可以望到。相传，这是夏后启母的化石，所以称"启母石"。

关于启母石有一个传说：远古时候，洪水横流，民不聊生，大禹继承父业，受命治水。在开凿嵩山辕辕关、引洪归道时，大禹治水心切，日夜不离工地，当他要吃饭的时候，就击鼓，他的妻子涂山氏听到鼓声就送饭来。平时禹凿石时，为了增大力气，便化作熊。有一天，一块飞石将鼓打响，涂山氏以为禹要吃饭，便赶忙送来饭菜。见大禹是只熊，羞愧不已，于是回家化作巨石了。到吃饭的时候，禹击鼓，涂山氏不再送饭了。大禹回到家里，见妻子已经化作巨石。当时的涂山氏已经怀孕，儿子的名字叫启，大禹向妻子要儿子，于是巨石的北方破了一个大口，启由此石中诞生，所以称"启母石"。石头北边的裂开口可容数十人。启母石曾吸引了许多帝王，周穆王、汉武帝、唐高宗、武则天……都进过"启母石"。古今中外来这里旅游的名人更是不计其数。汉武帝见"启母石"，就命令在"启母石"南面修建一座启母庙；唐高宗游览中岳时，曾敕令重修启母庙。

"启母石"的传说虽然十分神奇，但实际上它却是一块非常普通的石英岩，只是石块很巨大。这巨大的石英岩块原来是嵩山上的岩石，由于地壳运动，岩石上产生了裂隙，岩石不断遭受日晒雨淋、风化剥蚀，裂隙越来越大，巨石终于在重力作用和风化作用的"帮助"下，从山上滚下来，矗立在崇福宫的东面。由于人们的想象和传说，这块普通的巨石就成了具有神奇情节的怪石了。

诸葛拜斗石

北京故宫御花园西侧铜狮豸的前面，有一块奇异的石头，状如僧帽，石面上呈现一个躬身下拜的人影。此人影头戴道巾，长袖下垂，双手拱起，躬身遥拜北方的北斗七星，形象栩栩如生，人们称此石为"诸葛拜斗石"。

相传，234 年（蜀汉后主建兴十二年），孔明率领军队去攻打魏国，驻扎在渭水的南岸。一天，孔明正与部下姜维讨论战事，忽然有人来报告说，费祎到。孔明听完费祎的报告后，旧病复发，长叹一声，不觉昏倒在地。众人急救，才苏醒过来。孔明自知命将归天，于是在军营中设下香花祭物，地上分布 7 盏大灯，外边布置 49 盏小灯，里边设下本命灯一盏，祈祷北斗。如果 7 天内本命灯不灭，孔明的寿命可延长。当孔明拜到第六夜时，部下魏延

拓展阅读

孔　明

诸葛亮（181—234），字孔明，琅琊阳都（今山东省沂南县）人，三国时期蜀汉重要大臣，中国历史上著名的政治家、军事家、散文家、发明家，也是中国传统文化中忠臣与智者的代表人物。诸葛亮在世时，担任蜀汉丞相，尔后受封为武乡侯，辞世后追谥为忠武侯，因此亦被后世尊称为武侯、诸葛武侯；早年则有外号"卧龙"、"伏龙"等。

飞步跑进军营，一不小心，竟将本命灯扑灭。此时守在旁边的姜维要杀魏延，孔明劝阻道："此吾命当绝，非文长之过也。"说完，孔明口吐鲜血而亡，时年 54 岁。据说，鲜血溅在石面上，化作孔明的身影和北斗七星。

其实，此石与孔明没有一点关系，石头上的花纹不是人影，也不是北斗七星。经仔细地观察，此石是一种含砾石的石英岩。所谓孔明的身影，实际上是石英岩在成岩过程中形成的三个大小不等的含铁质透镜体，一些大大小小的砾石构成了似"北斗七星"和"孔明"的形状，这不过是天地间的一种巧合。

岩石中的稀世珍宝

　　物以稀为贵，石头也不外乎如此。由于大自然的作用，岩石竟也有高低贵贱之分。平凡的鹅卵石躺在河滩无人问津，而诸如翡翠、玛瑙、钻石之类的"石头"却可以成为价值连城的稀世珍宝，博得人们的喜爱。我国自古以来就有赏石、玩石、藏石的传统，加上我国幅员辽阔，矿产资源丰富，名贵的石头遍布神州大地。

岩石中的珍品

岩石中的佼佼者，要数那些宝石、玉石、彩石和砚石。宝、玉、彩、砚历来为人们所珍爱，然而在地质工作者看来，它们只不过是一些特殊的矿物和岩石。在自然界中，所有的矿物和岩石中有200多种可以做宝、玉、彩、砚，而特别珍贵的只有几十种。

什么是宝石、玉石、彩石和砚石呢？具备什么条件的岩石才能达到宝、玉、彩、砚的要求呢？专家认为：宝、玉、彩、砚是自然界符合工艺要求的矿物和岩石，可用于制作装饰品、艺术品、雕刻品的美术工艺原料。世界各国对这类原料至今尚无统一的名称。西方国家用"宝石"、俄罗斯用"彩石"、日本用"贵石"作为这类矿物岩石的统称。

在我国，有的用"宝石"，有的用"玉石"作统称，但含义不清，概念混乱。专家建议，把自然界中凡经过琢、磨、雕、刻，可以供装饰、欣赏或具有实用价值的矿物和岩石统称为"贵美石材"，简称为"贵美石"。所谓贵，一是这些原料在自然界中数量甚少，物以稀为贵；二是这些原料经加工后的成品，价值十分昂贵。所谓美，主要在于原料本身有鲜艳的颜色，灿烂的光泽，清澈的透明度，细腻而坚韧的质地以及特殊的结构、构造，具有诱人的魅力，加工后的艺术品更给人们以美的享受。

按照专家们的意见，宝石、玉石、彩石和砚石的基本概念应该是这样的：

宝石——凡硬度（摩氏）在6度以上，颜色鲜艳纯正，透明度高，折光率高，光泽强，符合工艺要求的非金属矿物晶体，称为宝石。主要用于制作各种首饰。

玉石——凡硬度（摩氏）在4度以上，颜色艳丽，抛光后反光性强，质地细腻坚韧，符合工艺要求的非金属单矿物集合体（单矿物岩），称之为玉石。主要用于制作玉器，部分用于制作首饰。

彩石——颜色鲜艳、色彩美丽、质地细腻，或者具有某种奇异结构的多种矿物集合体（即岩石）和金属矿物以及硬度较低的单矿物集合体，均可列为彩石的范畴。主要用于制作各种雕刻品和作为建筑石材，部分用于首饰或首饰镶边。

砚石——凡符合发墨益毫，滑不拒墨，贮墨不涸，久磨不损，细中有锋，柔中有刚等要求，可用以做砚的泥沙质、钙质沉积岩或浅变质岩，称为砚石。

玉和砚起源于中国，宝石和彩石在我国也早已被利用。因此，上述划分方案体现了我国长期以来利用"贵美石材"的历史特点。

我国素有"玉石之国"的称号，我国的宝石和玉雕工艺品在世界上享有"东方艺术"的盛誉。根据考古，我们祖先最迟在旧石器时代末期，就已使用石质装饰品了。到了新石器时代，不但出现了石环、石杵等较为精致的石器，而且还出现了玉器。我国的玉雕工艺至少有四五千年的历史。殷商时代是玉业大发展时期，赏玩之风盛行。周朝将玉列为"八材"之一。玉

色彩美丽的彩石

不但是高贵的象征，而且被视作权力的标记。春秋战国时代，献玉、纳玉成风。汉代蓝田美玉名传千古，昆仑软玉威震华夏，金缕玉衣声播宇内。

知识小链接

蓝田玉

蓝田玉是古代名玉，早在秦代即采石制玉玺，如著名的和氏璧。唐代及以前的许多古籍中都有蓝田产美玉的记载。据记载，唐明皇就曾命人采蓝田玉为杨贵妃制作磬。《汉书·地理志》说美玉产自"京北（今西安北）蓝田山"。其后，《后汉书·外戚传》、张衡《西京赋》、《广雅》、《水经注》和《元和郡县图志》等古书，都有蓝田产玉的记载。至明万历年间，宋应星在《天工开物》中称："所谓蓝田，即葱岭（昆仑山一带）出玉之别名，而后也误以为西安之蓝田也。"

我国对于彩石的应用最晚也在新石器时代。从北魏到隋唐时代，开凿云

冈石窟、敦煌石窟和龙门石窟；明代在北京建造十三陵；明、清建造北京故宫；1929年建成南京中山陵，都分别采用了汉白玉、大理石、花岗石、寿山石、田黄石等大量彩石。新中国成立以后，彩石资源的开发和利用得到了更为迅速地发展，如各地品种繁多的花岗石、大理石、田黄石、寿山石、青田石、鸡血石、菊花石、绿松石和五花石等，用它们制成的工艺品绚丽夺目，为人类的现代文明谱写了新的篇章。

笔、墨、纸、砚合称"文房四宝"。"文房四宝"中的砚，在我国具有悠久的历史，早在古代就有铜砚、银砚、玉砚、陶砚和石砚等。其中尤以石砚历史久远。端砚、歙砚、洮砚等优质砚石远在唐朝时就已驰名中外。

玉杯 "一捧雪" 的故事

玉杯 "一捧雪"

《明史》记载，明代末年，严嵩、严世蕃父子当权，仗势欺人，横行不法，肆意掠夺天下珍奇古玩为己享用。相传嘉靖年间，官至太常寺正卿的莫怀古，家中藏有稀世珍玩"一捧雪"玉杯，严嵩父子利用权势，迫害莫家，企图夺取"一捧雪"。莫怀古为保存此杯，弃官逃难，改姓李氏，经由山东青州府益都县，迁徙隐居于豫鄂边界。

20世纪70年代，河南省新野县文化馆收藏了一件古代玉杯，名为"一捧雪"。原收藏者姓李，自称为莫怀古的后代。玉杯从明代珍藏至今，已传世400多年。莫家世代相传，至今已历十四代，虽历经沧桑，然家珍玉杯尚存。

"一捧雪"玉杯为白色，略透淡绿，口径7厘米，深2.5厘米，杯壁厚0.2厘米。杯身琢有梅花五瓣，似腊梅盛开。杯底中心部分琢一花蕊。杯身外部攀缠一梅枝，枝上琢有17朵大小不等的梅花，与杯身自然连在一起。玉质晶莹，花美枝嫩。显然，玉杯的作者取"腊梅傲雪"之意。

传说玉杯很奇妙。"杯中斟酒，夏日无冰自凉，冬日无火自温"，更有"酒入玉杯，有雪花飘飞"。当然，这些传说是没有什么科学道理的。但杯内斟酒后，由于酒液波动，光线折射，加上玉杯本身的剔透光洁，给人以闪光粼粼、如冰似雪之感，却是"一捧雪"的特点。

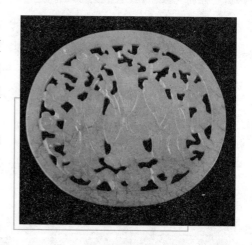

和田玉雕

1978 年，经故宫博物院鉴定，"一捧雪"为明代工艺，玉料出自新疆和田。

什么是和田玉呢？和田玉属于软玉，是一种变质角闪石岩。我们把由单矿物角闪石所组成的岩石，称为角闪石岩。角闪石岩在温度、压力等外界条件的影响下，变成毡状的阳起石或透闪石纤维状微晶集合体，这种集合体就是软玉。

和田玉是我国著名的玉石之一，它的开采历史悠久，在明代宋应星所著的《天工开物》里，就已经描绘了人们在哈拉哈什河中拾玉石的情景。和田玉主要为白色、黑色和杂色，很少有绿色的。其中有一种洁白色、质地细致坚硬、呈油脂光泽的玉，称为"脂玉"，是和田玉中质量最好的。纯黑的和田玉称为墨玉。这些都是我国著名的玉种。

基本小知识

《天工开物》

《天工开物》初刊于 1637 年（明崇祯十年），作者是明朝科学家宋应星。《天工开物》是世界上第一部关于农业和手工业生产的综合性著作，也是我国古代一部综合性的科学技术著作。有人称它是一部百科全书式的著作。外国学者称它为"中国 17 世纪的工艺百科全书"。作者在书中强调人类要和自然相协调、人力要与自然力相配合。它是我国科技史料中保留最为丰富的一部。它更多地着眼于手工业，反映了我国明代末年出现资本主义萌芽时期的生产力状况。

玉石制作的工艺美术品很多。1968 年，在河北满城出土的金镂玉衣，距今已有 2000 年的历史了。在故宫博物院内的"青玉磬"是我国珍藏的一种古代乐器。玉磬由一种青绿色的和田玉——大青玉块制成，浓青绿色，泛油脂光泽，一套共 12 块，每块长约 90 厘米，高约 60 厘米，厚约 4 厘米，击之发出不同的音律。

➡️ 完璧归赵中的和氏璧

趣味点击　　玉玺

中国人用印信来表示信用，始于周朝。到了秦朝，才有玺和印之分，皇帝用的印叫玺，臣民所用只能称为印。根据汉代的记载，皇帝有六玺：皇帝行玺、皇帝之玺、皇帝信玺、天子行玺、天子之玺、天子信玺。六玺的用途都不同，由符节令丞掌管。然而，传国玉玺不在这六玺之内，因为这个玉玺是用来代表正统的，所谓"真命天子"必须拥有这个玉玺，否则只能是草鸡大王而非真龙天子。

公元前 283 年，秦昭襄王派使者带着国书，去见赵惠文王说，秦王愿以十五城换取赵国珍藏的"和氏璧"。赵王知道秦国以强欺弱，感到左右为难，于是召集群臣商议对策。大臣蔺相如见赵王说："我愿负此重任，到秦国去献璧。"蔺相如到秦国献璧，见秦王没有给城的意思，又从秦王手里智取了和氏璧，派人送回赵国。这就是蔺相如完璧归赵的故事。

我们暂不去说"和氏璧"是什么东西，而首先交代一下和氏璧的来龙去脉。和氏璧的故事来源于《韩非子》。春秋战国时期，楚人卞和从楚山（今湖北西北的荆山地区）发现了一块璞石，曾先后献给厉王和武王。当时玉匠没有认出这是玉石，大王便以欺君之罪把卞和的双膑砍掉了。直到文王东进，迁都江陵时，才命玉人琢磨，这才发现是一块上好的玉石，取名为"和氏璧"。西周到春秋时代，诸侯、天子竞相使用玉璧作祭天的礼器，这时的和氏璧更成为各诸侯国争夺的宝物。秦始皇统一中国后，丞相李斯以鸟虫形篆字撰写"受命于天，既寿永昌"，经玉工孙寿镌雕刻在和氏璧上，和氏璧就此成为国玺。汉高祖刘邦从秦二世手中得到和氏璧后，封为"传国玉玺"。后来，和氏璧在一次战争中失落，至今下落不明。

和氏璧是什么宝物呢？历来众说纷纭，莫衷一是。据《太平御览》所载，李斯上书秦始皇时曾说："昆山之玉，和随之宝。"昆山玉即指新疆的和田玉，也就是变质角闪石岩。据《录异记》所载，和氏璧具有"侧而视之色碧，正而视之色白"的特征。人们把这种不同方向的颜色变化叫作变彩。这种变彩是由玉石中含有定向排列的细微包裹体，对光产生折射、反射后引起的一种特殊的光学现象。

🧭 灵璧一石天下奇

灵璧玉是玉中的佳品。据《诗经》记载，远在 2200 年前的战国时代，人们就多以浮磬为贡品。浮磬是一种比较轻的石头制成的乐器，它是安徽灵璧县浮磬山的磬云石。此石击之声韵悦耳，能发八音，色黑似漆，所以古人用来磨制乐器。《博物论》中说："灵璧有玉石山，出石如菜玉色，磨之可为屏风、棋子、图书之类。"宋代有一首《璧玉歌》，赞誉诗句如下：

> 灵璧一石天下奇，
> 声如青铜色璧玉。
> 秀润四时岚岗翠，
> 宝落世间何巍巍。

灵璧玉的品种很多，但比较名贵的要数红皖螺、灰皖螺和磬云石。它们质地素雅，色泽艳丽，花纹美观大方。灵璧玉的历史悠久，一向用来作浮雕、圆雕、镂空等工艺品原料，雕刻山水、花瓶、珍禽异兽等。此外，还可加工成石板，供房屋建筑和抱柱镶嵌之用。北京地下铁道的车站，南京长江大桥的桥栏就用灵璧玉镶嵌作壁面。目前，我国的

红皖螺

灵璧玉远销日本、美国、法国、意大利和非洲的一些国家。

安徽省灵璧县浮磐山上的灵璧玉，是一种碳酸盐岩和变质的碳酸盐岩——大理岩。这种碳酸盐岩和大理岩质地素雅，色泽美观。红皖螺和灰皖螺都是含叠层石的大理石。在8亿年前，生活在浅海中的低等植物群蓝绿藻死亡以后，与海水中的碳酸盐物质一起沉积下来。其中碳酸盐物质沉淀结晶形成方解石，蓝绿藻则形成花纹漂亮的叠层石。

拓展阅读

蓝绿藻

蓝绿藻又称蓝藻，由于蓝色的有色体数量最多，所以宏观上现蓝绿色，是地球上出现的最早的原核生物，也是最基本的生物体，大约出现在38亿年前（大致在寒武纪的时候），为自养形的生物。它的适应能力非常强，可忍受高温、冰冻、缺氧、干涸及高盐度、强辐射，所以从热带到极地，由海洋到山顶，85℃温泉，零下62℃雪泉，27%高盐度湖沼，干燥的岩石等环境下，它均能生存。

古生物学家认为：叠层石由两个基本层交替构成，一个是基本层暗带，这是在藻类繁殖季节由富含有机质的薄条带构成的；另一个是基本层亮带，是在藻类休眠季节，由有机质少的厚条带层构成。这些层都向上突出形成各种形态。后来，含叠层石的石灰岩在高温高压条件下，方解石重新结晶，便形成了现在所见到的含叠层石的大理岩了。红皖螺因含三氧化二铁而使岩石变成紫红、粉红色；灰皖螺因含黏土矿物杂质而呈现银灰色和黄灰色。磐云石为隐晶质石灰岩，由颗粒均匀的微粒方解石组成。

▶ 翡翠屑金

翡翠本来是一种鸟的名字。唐诗注解说，翡翠是羽毛为赤色和青色相杂的珍禽。唐朝著名诗人陈子昂有诗云："翡翠巢南海，雄雌珠树林。"这是陈子昂被害下狱时，借翡翠杀身寓意，叹息"多材（才能）信为累（遭遇）"

而写下的诗句。唐朝另一个大诗人卢照邻则用鸟的羽毛的颜色来形容一种"屠苏"美酒，写出下列诗句："汉代金吾（官名）千骑马，翡翠屠苏（酒）鹦鹉杯。"由此可见，翡翠色是古人很喜欢的颜色。

翡翠手镯

今天，人们常用翡翠来形容绿色的玉石，这是不够准确的。大家知道，"红色为翡，绿色为翠"，但在宝石学里，翡翠已成了一种绿色玉石的专有名词。翡翠的学名叫硬玉，是碱性辉石的一种。由于翡翠颜色鲜艳，光泽喜人，硬而不脆，不易损坏，为许多玉类所不及，在国际市场上很受欢迎，优质者价格非常昂贵。

一般人都知道翡翠，但翡翠屑金是什么呢？宋朝的罗泌在《路史》中有"翡翠屑金"一语。后人考证，翡翠屑金就是一种绿色的碧玉。岩石学家认为，碧玉是一种二氧化硅的胶体沉积物，它的颜色很多，有蓝、紫红、青绿等色，是海底火山喷发时的硅酸盐胶体、海底的放射虫和硅质软泥经沉积作用而成的岩石。翡翠是辉石的碱性变种，碧玉是以二氧化硅为主要成分的海底火山岩，这是两种完全不同的东西。但在玉石中，它们的价值却是很相近的。

◆ 玉中新秀——丁香紫

20 世纪 80 年代，地质工作者在新疆维吾尔自治区的阿尔泰、天山地区，发现了一种新的玉石。由于玉石的颜色很像丁香花的紫色，所以称作丁香紫。

丁香紫玉料，颜色艳丽，玉质细腻，质地致密，光泽柔和，均匀无瑕，韧性很好。块度大小不一，大的有几十立方米，小的为几立方厘米，是一种中、高档玉石。目前用丁香紫琢磨、雕刻的工艺品主要是素身戒面、项珠、人物仕女、炉、鼎、塔、瓶等。用丁香紫制作的工艺美术品，深受人们称赞，

丁香紫玉项珠

博得国内外的好评。

丁香紫玉料是一种锂云母单矿物岩石。锂云母呈片状或鳞片状集合体，浅紫色，有时为白色，含锰质的呈桃红色，玻璃光泽，半透明至不透明，硬度不大，和指甲硬度差不多。这种岩石的性质由主要组成矿物锂云母决定。

丁香紫玉料产在花岗伟晶岩中。花岗伟晶岩是一种以石英、长石和少量云母组成的、矿物晶体粗大的岩石。这种岩石呈脉状产出，延伸几米到几百米，甚至几千米。新疆的阿尔泰、天山地区花岗伟晶岩甚多，所以丁香紫玉料的发展是大有希望的。

贺兰山上的贵石——贺兰石

宁夏有五宝，人们概括为"红黄蓝白黑"。红指枸杞，黄指甘草，蓝指贺兰石，白指滩羊皮，黑指发菜。

贺兰山上的贺兰石是一种含石英粉砂的粘板岩，可以做工艺美术石料，被誉为"兰宝"。它最突出的优点是质地细腻均匀，色彩斑斓。不少贺兰石有紫中嵌绿，绿中符紫的"三彩"特色。陈列在人民大会堂的大幅竖屏，就是三层颜色的贺兰石雕。从整体来看，贺兰石呈深紫色，艺人称为"紫底"，在紫底上嵌布着浅绿色，称作"绿彩"或"绿标"。两者界线分明，晶莹嫩绿，显得分外素雅清秀。

由于贺兰石结构均匀，质地细密，孔隙少，透水性差，刚柔相宜，坚而可雕，是雕刻石砚的优质材料。

贺兰石

带盖的贺兰砚如同密封的容器，存墨久置不干，素有"存墨过三天"之誉。1780 年出版的《宁夏府志》里写道："笔架山在贺兰山小滚钟口，三峰矗立，宛如笔架，下出紫石可为砚，俗呼贺兰端。"到清末，"一端二歙三贺兰"的说法已广为流传。贺兰石砚具发墨、存墨、护毫、耐用的特点。

贺兰石的另一大用处是制作磨石（即油石）。油石是机械工业中加工精密零件不可缺少的研磨工具，广泛适用于倒砂压光和直接研磨各种高精度、高光洁度的块规、刀具和刃具，可抛光钟表摆轴和零件、仪表轴尖、硬合金笔尖、高级绘图仪器及精密机械零件。

翻开宁夏贺兰山的地层史卷，可知贺兰石在地层中至少已经度过 13 亿年的漫长岁月了。

贺兰石的主要矿物成分有石英、泥质和极少量的绢云母。石英颗粒极细。岩石中含有少量铁质，分布不均匀。三氧化二铁含量较高的部分呈深紫色，含氧化亚铁较高的部分显绿彩，构成了紫底绿彩的斑斓色彩。

▶ 青田有奇石

青田石产于浙江省距青田县城 10 千米的白羊山上。这里地处瓯江中游，括苍山南麓，青田石因产地而得名。青田石是一种著名的雕刻原料。

青田石刻始于宋代，至今已有 900 多年的历史。那么，青田石刻是怎样开始的呢？传说，宋朝时，有一个农民到白羊山去砍柴。一天，他正起劲地砍着，突然柴刀砍在石头上了，"唰"的一声，石头落地，空中飞溅出一股雪白的粉末，但砍柴刀却丝毫没有损伤。农民好奇地从地上捡起那块石头，石头晶莹如玉，真是好看极了，于是把它夹在柴草当中带回家去。这件事传开后，人们都到白羊山山口一带来采集这种石

青田石印章

头。从此，石头与当地人便结下了不解之缘。聪明的石刻艺人还试着用它来刻图章、刻砚台，逐渐形成了青田石刻。

灯光冻

宋朝时的青田石，主要用来刻制图章、石碗、石槽、笔筒、笔架、墨水缸和香炉等。到了清朝，由于石雕艺人的琢磨，青田石刻由文玩、实用品发展到雕人物、山水，从浅刻、浮雕、立体圆雕到多层镂雕，并充分地利用石料上的"巧色"，使青田石雕的工艺达到很高的水平。清朝末期，青田石雕的年产量已达到 1 万余箱，远销欧、亚、澳、非、美洲等的许多国家。民国初年，我国以青田石雕参加了中美洲的"巴拿马赛会"，并获得二等奖，成为脍炙艺术界、遐迩闻名的珍品。

在工艺美术界，把青田石分为"冻石"和"图书石"两大类，而以冻石尤为著名。冻石半透明，洁白如玉，像冰冻一样，所以称为"冻石"。古人往往以"凝脂"、"冻密"来形容它。按石质、颜色、纹理，冻石还可分为 20 多种，如鱼脑冻、青田冻、紫檀冻、红花冻、松皮冻、橘黄石、竹叶青、葱花黄及灯光冻等。其中最名贵的品种要数灯光冻了，它与福建寿山的田黄石、昌化的鸡血石，并称三大佳石。冻石一般都作图章材料。图书石比冻石差一些，质地滑腻、细致，颜色有红、黄、蓝、黑、紫、褐等，是刻章的原料。

基本小知识

模 具

模具，工业生产上用以注塑、吹塑、挤出、压铸或锻压成型、冶炼、冲压、拉伸等方法得到所需产品的各种模子和工具。

近年来，随着科学技术和工艺美术的发展，青田石的用途日益广泛，不仅作为雕刻石料、建筑材料和陶瓷原料的充填料，还用作分子筛、人造金刚石的模具和耐火材料等。

青田石是一种变质的中酸性火山岩，主要矿物成分为叶蜡石，还有石英、绢云母、硅线石和绿帘石等。青田石的颜色很杂，红、黄、蓝、白、黑都有。岩石的色彩与岩石的化学成分有关。当三氧化二铁（Fe_2O_3）含量高时，呈红色，含量低时呈黄色，更低时为青白色。岩石硬度中等，由于青田石含叶蜡石、绢云母、硬铝石等矿物，所以岩石有滑腻感。

鸡血石

📷 玲珑剔透的昆石

昆石又称昆山石，因产于江苏昆山而得名。主要出自于城外玉峰山（古称马鞍山），系石英矿脉在晶洞中长成的晶簇体，呈网脉状，晶莹洁白，剔透玲珑。它与灵璧石、太湖石、英石同被誉为"中国四大名石"，又与太湖石、雨花石一起被称为"江苏三大名石"，在奇石中占据着重要的地位。

昆石有 10 多个种类，分别按其形态特征命名为鸡骨峰、杨梅峰、胡桃峰、荔枝峰、海蜇峰等。昆石毛坯外部有红山泥包裹，须除去酸碱，从开采到加工成品需要一段时日。

大约在几亿年以前，由于地壳运动的挤压，昆山地下深处岩浆中富含的二氧化硅热溶液侵入了岩石裂缝，冷却后形成石英矿脉。在这石英矿脉晶洞中生成的石英结晶晶簇体便是昆石。由于其晶簇、脉片形象结构的多样化，人们发现它有"鸡骨"、"胡桃"等 10 多个品种，分产于玉峰山之东山、西山、前山。鸡骨石由薄如鸡骨的石片纵横交错组成，给人以坚韧刚劲的感觉，它在昆石中最为名贵；胡桃石表皱纹遍布，块状突兀，晶莹可爱。此外还有

昆山石

"雪花"、"海蜇"、"荔枝"、"荷叶皴"等品种，多以形象命名。

昆石总的看来是以雪白晶莹、窍孔遍体、玲珑剔透为主要特征。一块精品昆石必然是大洞套小洞，小洞内见大洞，洞内弯弯曲曲，变化无穷，显示出千孔百巧的灵巧，这是其他石种无法比拟的。

形态美是昆石的生命。古代赏石四要素为：瘦、皱、漏、透。昆石正是这四要素的代表作，它最能体现瘦、皱、漏、透的特点。昆石其形千变万化，形态婀娜，冰清玉洁，幽洞遍体，无一类同。昆石还具有天然雕塑之美，它具有玲珑剔透的线条和多层次情景交融的形态，白居易在《太湖石记》云："百仞一拳，千里一瞬，坐而得之"，昆石精品已达到缩景艺术的气势，叫人叹为观止。

石质美是昆石的灵气。昆石是由二氧化硅充填形成的石英结晶体，故石质似玉，细腻光润。古人云："白如雪，质似玉。"用放大镜细观之，昆石是由白色晶体组成，它闪闪发光，犹如钻石，发出璀璨的光彩。坚硬的质地，高贵的气质，让人爱不释手，所以昆石在古代叫玉石，产石的所在地现在还叫玉山镇，可见昆石从古至今以晶莹洁白著称。

拓展阅读

白居易

白居易（772—846），汉族，字乐天，晚年又号香山居士，河南新郑人。我国唐代伟大的现实主义诗人，中国文学史上负有盛名且影响深远的诗人和文学家。他的诗歌题材广泛，形式多样，语言平易通俗，有"诗魔"和"诗王"之称。官至翰林学士、左赞善大夫。有《白氏长庆集》传世，代表诗作有《长恨歌》、《卖炭翁》、《琵琶行》等。

➡ 四大园林名石之首的英石

　　英石始产于广东省英德市，故又称英德石。英石，是经大自然的千百年骤冷曝晒，箭雨风刀，神工鬼斧雕塑而成的玲珑剔透，千姿百态的石灰石，"瘦、皱、漏、透"四字简练地描述了英石的特点。英石大的可砌积成园、庭之一山景，小的可制作成山水盘景置于案几，极具观赏和收藏价值。

　　英石源于石灰岩石山，自然崩落后的石块，有的散布地面，有的埋入土中，经过千百万年或阳光曝晒风化，或箭雨刀风冲刷，或流水侵蚀等作用，使之形成奇形怪状的石块，具有独特的观赏价值，自古至今深受奇石爱好者青睐。在英德市区东北 10 千米，有一座山名叫英山，它高约 240 米，是一座石灰岩质石山。由于表石层经历长期自然风化，形成无数多姿多彩的英石。英山盛产的英石，有阳石和阴石之分。出土者为阳石，质地坚硬，色泽青苍，扣之清脆。阳石按表面形态分为直纹石、斜纹石、叠石等。入土者为阴石，质地稍润，色有微青和灰黑，扣之皆有韵声。阴石玉润通透；阳石皱瘦漏透，各有特色，各有千秋。

英 石

➡ 印材中的奇葩——昌化石

　　昌化石产于浙江省临安市昌化玉岩山一带。矿山走势自上溪乡西北角的鸡冠岩开始，向东北延伸，经灰石岭、康山岭、核桃岭、纤岭等山岭，约 10 千米。

昌化石

昌化石是个多姿多彩的大家族，主要分为昌化鸡血石、昌化田黄鸡血石、昌化冻石、昌化田黄石、昌化彩石五大类，共150多个品种。

昌化鸡血石是昌化石中的精华，在中国宝玉石中占有重要地位。血色为鲜红、正红、深红、紫红等，鸡血的形状有块红、条红、星红、霞红等，并以能达到鲜、凝、厚，深沉有厚度，深透石中，有集结或斑布均衡者为佳。血量少于10%者为一般，少于30%者为中档，大于30%者为高档，大于50%者为珍品，70%以上者珍贵难得，全红或六面血为极品。红而通灵的鸡血石称为"大红袍"，是可遇不可求的神品。

昌化田黄鸡血石是昌化鸡血石之新秀，其特征是在昌化田黄的质地中包裹"鸡血"。因田黄石素有"石帝"尊称，鸡血石又有"石后"美名，而田黄鸡血石兼备两者丽质，故被称为"宝中之宝"、"帝后之缘"。

昌化田黄石是近年新开发的名品，其明显特征是"无根而璞"，自然成为单个独石，呈无明显棱角的浑圆状，表面包裹石皮，肌理通灵透亮，温润细洁、纹格清新。

昌化冻石是昌化石的优质品种之一。视觉特点是清亮、晶莹、细润，根据色泽分单色冻和多彩冻。

昌化彩石是昌化石中色彩最丰富、产量较多的品种。它区别于昌化冻石的主要标志是不透明。

鸡血石雕刻品

▶ "印石三宝" 之首的寿山石

福州的寿山石，我国传统的"四大印章"之一。寿山石分布在福州市北郊与连江、罗源交界处的"金三角"地带。若以矿脉走向，又可分为高山、旗山、月洋三系。因为寿山矿区开采得早，旧说的"田坑、水坑、山坑"，就是指在此矿区的田底、水涧、山洞开采的矿石，经过 1500 年的采掘，涌现的品种达数百种之多。

环绕着寿山村的是一条小溪——寿山溪，寿山溪两旁的水田底层，出产着一种"石中之王"寿田石。因为产于田底，又多现黄色，故称为田坑石或田黄。田石以色泽分类，一般可分为黄田、红田、白田、灰田、黑田和花田等。

黄田石是田石中最常见的，也是最具代表性的石种。田黄的共同特点是石皮多呈微透明，肌理玲珑剔透，且有细密清晰的萝卜纹，尤其黄金黄、橘皮黄为上佳，枇杷黄、桂花黄稍次，桐油黄是田黄中的下品。田黄石中有称田黄冻者，是一种极为通灵澄澈的灵石，色如碎蛋黄，产于中坂，十分稀罕，历史上列为贡品。

白田石是指田石中白色者，质地细腻如凝脂，微透明，其色有的纯白，有的白中带嫩黄或湛青。石品以通灵、纹细、少格者为佳，质地不逊于优质田黄石。

寿山村东南有山名坑头山，是寿山溪的发源地，依山傍水有坑头洞和水晶洞，是出产水坑石的地方。因为洞在溪旁，石浸水下，故又称"溪中洞石"。水坑石出石量少，佳质尤罕，因此今日市场上所见水坑石佳品，多系百千年前的旧物，故有"百年稀珍水坑冻"之说。水坑石是寿山石中各种冻石的荟萃，主要品种有水晶冻、黄冻、天蓝

寿山石

冻、鱼脑冻、牛角冻、鳝鱼冻、环冻等，色泽多黄、白、灰、蓝诸色。

　　寿山石除了大量用来生产千姿百态的印章外，还广泛用以雕刻人物、动物、花鸟、山水风光、文具、器皿及其他多种艺术品。这种供艺术雕刻用的寿山石主要产于寿山及峨眉、东仔、湖潭、石碧头等矿床，其矿物成分以地开石、高岭石为主，叶蜡石次之。

◆ 集各色石种之大成的巴林石

巴林石

　　巴林石产于内蒙古巴林右旗赤峰山。品种相当丰富，寿山、青田、昌化等石均在巴林石中有相似者。巴林石有朱红、橙、黄、绿、蓝、紫、白、灰、黑诸色；有不透明、微透明。巴林石质以坚纤、细密、色泽晶莹，有新蜡感觉者为多，微透明、半透明、透明者均以有浑浊雾团状痕迹为多，是为特点，亦为其优长处。有纯净无瑕者，更珍稀。因其受刀性佳好，为篆刻者所喜爱。

　　巴林石几乎可以说是中国各色石种之集大成者。因为寿山、昌化、青田各石之纹、色（除封门青外）均可在巴林石中觅得。

　　此外，作印材的叶蜡石类在中华大地上林林总总，几近千种，如艾叶绿、长白石……亦各有千秋，兹不多赘。

◆ 再现的蓝田玉

　　据考，我国珍藏的汉朝玉器，至今发现不多。故宫博物院珍藏的汉朝玉佩以及西安茂陵附近出土的西汉武帝的大型"玉铺首"，重 10.6 千克（这是一种嵌在古墓门上用的玉器），经鉴定，它们都是一种蛇纹石化大理岩。宝石学上叫作蓝田玉，是以产地陕西省蓝田县命名的。

陕西省蓝田县是否产蓝田玉的问题，自唐朝以来，一直是一个难解之谜。

1921 年，我国地质学家章鸿钊先生在《石雅》中说，蓝田自周至汉，地临上都，是古制玉之地，并非产玉之地，他认为宋应星的说法是有道理的。但章先生怀疑：既然蓝田不产玉，

汉代玉铺首

又何言玉产蓝田山呢？所以，他又认为：蓝田古代可能产过玉，由于长期采掘，现在已无遗存了，所以后人才说蓝田不产玉。章先生只是对蓝田是否产玉做了分析，也没有结论。蓝田玉的产出地点仍然是个谜。

20 世纪 70 年代以来，地质工作者在蓝田县发现了蓝田玉。它是一种蛇纹石化大理岩。白色的大理岩中布满了草绿色的具有滑感的蛇纹石，当含有其他杂质时，还出现红、黄、黑等色。

清代蛇纹石化大理岩饰物

蛇纹石化大理岩是碳酸盐岩石，由石灰岩、白云岩受到热水溶液作用后，重新结晶而成的。在变质过程中含镁质的矿物（如白云石）可以变成蛇纹石。

▶ 次生石英岩的玉类

在岩石学上，次生石英岩是很普通的岩石，可是在宝石学上，它却可以构成许多种显赫的玉类。例如，"京白玉"、"密玉"、"南阳玉"、"洛翡"以

及"东陵石"等。什么是次生石英岩？这种岩石是怎样形成的呢？

次生石英岩是一种变质岩石。它的主要矿物成分是石英，约占 70% ~ 75%，还含有绢云母和富铝矿物明矾石、高岭石、红柱石、叶蜡石和水铝石等。呈浅灰、暗灰或绿灰等色，隐晶质，致密块状，硬度比较大。次生石英岩多半是由火山岩受到火山喷出的含硫蒸气或热液的影响，使原来岩石中的矿物转变成石英和富铝矿物而成的。

基本小知识

明 矾

明矾即十二水合硫酸铝钾，又称白矾、钾矾、钾铝矾、钾明矾，是含有结晶水的硫酸钾和硫酸铝的复盐。无色立方晶体，外表常呈八面体，或与立方体、菱形十二面体形成聚形。密度 $1.757g/cm^3$，熔点 92.5℃。64.5℃时失去 9 个分子结晶水，200℃时失去 12 个分子结晶水，溶于水，不溶于乙醇。明矾味酸涩，性寒，有毒，故有抗菌作用、收敛作用等，可用作中药。明矾还可用于制备铝盐、发酵粉、油漆、鞣料、澄清剂、媒染剂、造纸、防水剂等。

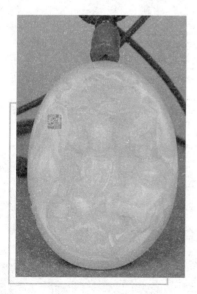

京白玉坠

次生石英岩组成的玉石特点是什么呢？

京白玉是一种白色的次生石英岩，隐晶质，块状，洁白晶莹，硬度很高。坚硬耐磨，是一种玉雕材料。

密玉，因产于河南省密县而得名。它是一种黄色到黄褐色（有铁质浸染）的次生石英岩，可作玉雕。

南阳玉（即河南玉）是我国古代有名的玉种之一。色白，略带翠绿，有点像翡翠，也是一种很好的玉雕材料。

洛翡，因产于陕西洛南而得名。它是我国最近发现和利用的一种工艺石料。颜色像胆矾一样的蓝绿色，细粒，块状，摩氏硬度 4~6，绿色为铜离子所表现出来的颜色。石料基本色很好，有利于制作"人工加色宝石"。

东陵石，凡含细鳞片状云母或细云母片状赤铁矿，而且分布均匀的"次生石英岩"或水晶晶体，都叫东陵石（后者在矿物学上叫"砂金石"），可作宝石或工艺雕刻石料。琢磨后，呈闪烁的金黄色、粉红色和油绿色的比较贵重，以绿色、碧绿色者最好。绿色是细鳞片状铬云母均匀分布于次生石英岩中形成的。

➡️ 纯洁的大理石

当我们来到祖国首都的天安门广场，雄伟、庄严的建筑群尽收眼底。漫步金水桥畔、人民英雄纪念碑、人民大会堂和毛主席纪念堂前，不仅沉浸在深切的怀念之中，而且还可欣赏那优秀的石材、彩石和饰料。其中大理石最多，而且十分引人注目。

毛主席纪念堂的建筑，采用大理石作石材，彩石的数量是相当多的。纪念堂南北面正中大门的上方，镶嵌着"毛主席纪念堂"六个大字的汉白玉金字匾；从正门步入纪念堂北大厅，迎面是 3.45 米高的用汉白玉雕塑的毛主席坐像。大厅里有

毛主席纪念堂

四根方柱，柱体贴有红色的大理石，色调肃穆；大厅南面墙上镶着洁白的大理石，上面刻着"伟大领袖和导师毛泽东主席永垂不朽"的金色大字；南大厅正面的汉白玉墙上刻着郭沫若同志手书的毛主席的诗词《满江红》，两层平台四周的栏板和平台石桥扶栏，用北京汉白玉制作而成；南北两面的台阶上，则各有两条汉白玉垂带，上面雕刻着由葵花、万年青、松枝和腊梅组成的花环。

人民英雄纪念碑下的浮雕及石座，天安门前雕刻精美的石华表、桥栏和石狮都是我国劳动人民利用汉白玉的杰作。故宫里许多精美绝伦的雕刻装饰、

建筑，也都是用的大理石。

大理石是一种高级建筑石材和彩石，因我国云南大理县点苍山产出数量多、质地优良而得名。点苍山位于云南省西部洱海之滨，俗称苍山，又名灵鹫山，南诏时封为中岳山。苍山共有 19 峰，峰峰相连，溪水 18 条，条条清碧。山峰险峻，白雪蛾冠，云雾缭绕，苍松翠柏，犹如仙境。苍山 19 峰，峰峰盛产大理石。其中尤以鹤云峰、雪人峰、兰峰和三阳峰蕴藏量最丰富，开发利用

趣味点击　千寻塔

千寻塔耸立在云南大理城西北崇圣寺内。崇圣寺，是国内外闻名的南诏名胜之一，是一座建于六诏时的古刹。现在寺院建筑早已荡然无存，只有寺前三塔仍巍然屹立。千寻塔在三塔中最大，位于南北两座小塔前方中间，所以又称中塔。塔心中空，在古代有井字形楼梯可以供人攀登。通体自上而下有两重塔基和塔身。

历史悠久。我国早在唐朝古塔、宋元碑文和明朝墓志中就有许多精美的大理石工艺品。仅从 825 年南诏所建的千寻塔和塔内雕刻的大理石佛像，以及大理城址的大理石南诏德化碑来看，在距今1200 多年的时候，大理石工艺技术已达到很高的水平了。

建筑工艺上所说的大理石，在岩石学上称为大理岩，也是一种变质岩石。它的化学成分主要是碳酸钙，有时也可以是碳酸钙镁。矿物成分主要是方解石。纯者不含杂质，有的含有铁、锰、碳和泥质等杂质。质纯的大理岩颜色洁白，当含有不同杂质时，可出现各种不同的颜色和花纹，磨光后绚丽多彩。大理石中方解石颗粒清晰可见，但不同的大理石晶粒粗细是不同的。

大理石可作建筑石材或装饰彩石，优质者可作工艺制品。

我们伟大的祖国地大物博，大理石分布广泛。各地所产的大理石由于花纹色彩不同，工艺上分别给以不同的名称。如云南的云石和云南灰，河北的雪花、桃红、墨玉和曲阳玉，北京的汉白玉、艾叶青、芝麻花和螺丝转。各式各样的大理石犹如百花园里万紫千红、五彩缤纷的鲜花，显示出我国优良的建筑和工艺石料资源丰富多彩。

这里介绍几种格调不同的大理石。

　　纯洁雪白的大理岩叫汉白玉，是一种著名的石雕材料，产于北京房山县。白色者居多，方解石结晶较好，磨光后晶莹如玉，质地细致均匀，透光性好。我国古代的石雕，如隋、唐的大型佛像，都喜欢用汉白玉制作。故宫里有一块雕刻着龙和山水的大石雕，重达数十吨，就是北京房山县产的汉白玉。清朝时没有起重机，如此重的大理石石雕是怎样运来故宫的呢？据说，那一年的冬天，在修好的运输道路上浇水成冰，形成冰道，万人拖着大石块在冰上滑运来北京的。

　　云石是云南大理点苍山产出的大理石。点苍山的云石质地优良，花饰美观大方。在白色或浅灰色的背景上，由灰、深灰、褐、浅黄、褐黄等色调"绘"成了山水画。有"崇山峻岭"、"险峰彩云"、"山间溪流"、"壁悬瀑布"等，秀丽夺目，美如图画，是世界名贵的彩石，常用作工艺美术制品，如石屏风和石瓶等。

汉白玉栏杆

　　云石的加工性能和技术条件也很好，石质结构细致，磨光性好，块度大，毛坯石料都在一立方米以上，可以按需要尺寸和形状分割，切割时不破裂，石块中含杂质、斑点很少，透光度较好。所以云石是最优良的一种工艺大理石。

　　把云石磨成 0.03 毫米厚的薄片，放在偏光显微镜下观察，可以发现方解石呈条带状微晶，矿物颗粒很细，大约在 0.1 ~ 0.5 毫米，粒度很均匀。主要矿物成分是方解石。云石中的花纹成分为金云母、碳质、绿泥石、石英或角闪石、黑云母、斜长石等。

◀ 高级彩石花岗岩

　　当你行走在天安门广场的人行道上，如果注意观察脚下的石板，便会发现那是一种红色的花岗岩。当你瞻仰天安门前的人民英雄纪念碑的时候，一定会对它的庄严瑰丽而肃然起敬。你可知道，碑石是什么材料制成的？它是用青岛产的整块花岗岩雕刻而成的。这一块花岗岩高近 15 米，宽约 3 米，厚约 1 米，重约 200 吨。当你瞻仰毛主席遗容时，毛主席纪念堂的两层台基、台帮全部采用大渡河畔石棉县的枣红色花岗岩砌成的，给人以稳固和庄严的实感，象征着毛主席开拓的红色江山坚如磐石、千秋万代永不变色。到过黄海之滨——青岛市的人，也一定会被那些美丽而坚固的建筑物所吸引。那些建筑材料和饰料，既不是砖，也不是混凝土，而是经过加工的花岗岩石料。

在南京钟山的南坡，坐落着气势磅礴的孙中山的陵墓——中山陵，陵墓建筑在第二峰小茅山的南麓，背山朝南，"前临平川，后拥青嶂"，气势雄伟。陵墓建于 1926 年，整个建筑物的轮廓像一只巨大的"自由钟"。陵墓进口处就是花岗岩的石牌坊。中山陵的主要建筑材料是江苏苏州和福建产的花岗岩和云南大理的大理岩。此外，南京的"渡江胜利纪念碑"也是用花岗岩建起来的。

福建的花岗岩石料具有悠久的历史。著名的侨乡——泉州，有一洛阳桥，全长 450 余米，是 900 多年前（宋朝）用花岗岩建成的，其中有一块石料重达 200 吨。古代石雕艺术的杰作之一——泉州的双塔，是全部用花岗岩砌筑成的宋代古塔。气势雄伟的厦门集美海堤，也是采用花岗岩填筑造就的。福建的花岗岩石料，以"泉州白"最为闻名，"泉州白"已有 1500 年开采历史，深受国内外建材界的赞誉。

南京中山陵石牌坊

花岗岩为什么能够成为一种优质的建筑石材呢？建筑学家和地质学家认为，最根本的原因还在于它具有坚硬结实的质地。经科学实验测得，花岗岩的比重是 2.7，抗压强度为每平方米 1300 ～ 2500 千克，比大理岩、石灰岩、砂岩等的抗压强度大得多，手指头大小的花岗岩（1 平方厘米），竟可以承受一两吨重的压力。花岗岩不但质地坚实，而且颜色多样，有枣红的、青灰的、灰白的等，美观大方。经磨光后，纹理清晰，光泽灿烂，可以成为高级建筑石料和装饰石料。

泉州洛阳桥

花岗岩是地壳中分布较广的一种岩石，由长石、石英和少量黑云母等矿物组成。石英是白色的，长石的颜色有肉红色或者灰白色，黑云母为黑色，所以花岗岩的颜色较浅。岩石中的矿物结晶一般都比较好，有粗粒、中粒和细粒之分。其中同种矿物的颗粒大小相近的，称为等粒结物，多数花岗岩都是等粒的。然而也有矿物颗粒大小不等的，称为斑状花岗岩或花岗斑岩。还有一种矿物颗粒很大的花岗岩，有的石英晶体可长达 2 米以上，云母晶体面积可达 3～5 平方米，长石晶体的长度可使一个大个子躺在上面睡觉。这种花岗岩叫花岗伟晶岩。

花岗岩家族的成员很多。可以分出碱性系列和钙碱性系列两大分支。因为碱性花岗岩数量很少，分布也不广泛，常常不为人们重视；钙碱性花岗岩不但数量多，而且分布很广，人们经常见到的花岗岩就是这一类。在这类花岗岩中，如果仅由长石和石英两种矿物组成，而没有黑云母等暗色矿物存在，就被称为白岗岩。若在长石、石英和黑云母之外，还含一点角闪石或辉石时，可叫角闪石花岗岩，或辉石花岗岩。

▶ 书法家的伴侣——石砚

在我国，砚具有相当悠久的历史。纸、笔、墨、砚合称为"文房四宝"。唐朝时，石砚就已驰名中外。作为美术工艺原料的砚石，它不仅是一种可供欣赏的工艺美术品，而且是一种实用品。石砚问世至今，已有几千年的历史。从唐代开始，端砚、歙砚、洮砚、澄砚（为瓦砚）就被列为中国的四大名砚。

有史以来，历代书法家对砚石的质量要求是非常严格的，前人把这些要求概括为"发墨益毫，滑不拒墨；细腻湿润，贮墨不涸；质坚致密，玉肌腻

书法家的伴侣——石砚

理；细中有锋，柔中有刚"。近年来，许多地质工作者与工艺部门相结合，对我国传世的十几种知名砚石做了鉴定，了解到可作砚石的岩石基本可分为两类：一类是变质岩中的板岩和千枚岩。这种以黏土矿物为主要成分的板状、千枚状的岩石，含有一定量的石英、长石、绢云母、绿泥石等矿物。其特点是矿物颗粒细小，变质程度不高，硬度不大，具板状构造，颜色常和成分有关，含三价铁呈红色；含二价铁呈绿色；含碳质呈黑色。另一类是石灰岩。这是一种沉积的碳酸盐岩石，化学成分是碳酸钙，矿物成分主要是方解石和白云石。

基本小知识

盐　酸

　　盐酸，学名氢氯酸，是氯化氢的水溶液，是一元酸。盐酸是一种强酸，浓盐酸具有极强的挥发性，因此盛有浓盐酸的容器打开后能在上方看见酸雾，那是氯化氢挥发后与空气中的水蒸气结合产生的盐酸小液滴。它有众多规模较小的应用，包括家居清洁，食品添加剂，除锈，皮革加工等。盐酸是一种常见的化学品，在一般情况下，浓盐酸中氯化氢的质量分数在37%左右。同时，胃酸的主要成分也是盐酸。

　　在可作砚石的岩石中，以板岩为最好。例如，名列石砚前茅的端砚砚石就是绢云母泥质板岩，矿物成分为泥质、绢云母、石英和微粒磁铁矿；歙砚砚石是含石英粉砂的粘板岩，矿物成分为绢云母、石英、微晶黄铁矿、磁黄铁矿、白铁矿、褐铁矿和泥质等。端砚砚石和歙砚砚石的质地细腻，矿物粒度均小于0.01毫米，成分分布均匀。岩石中的绢云母使砚石细密柔润，毛笔"久用锋芒不退"，起了画龙点睛的作用；泥质与硅质（微粒石英）并存，又使砚石"柔中有刚"。原来的泥质岩石，经变质成为板岩，就更加致密了，透水性更差，所以能"贮墨不涸"。有的砚石（如歙砚）中，含有硫、磷成分，磨出的墨汁油润生辉，墨迹不为虫蚁所蛀。砚石中的黄铁矿、白铁矿微晶使石砚呈现点点银星和金星，为其增辉。优质的砚石经能工巧匠制成精美的工艺品，陈放在案头厅舍，赏心悦目，更增添一层雅气。湖南三叶虫砚就是工艺师就岩石所含的三叶虫化石而雕刻成的石砚。你看，三叶虫趴在砚石上沉睡，栩栩如生，那是多么美丽的图案啊！

一块好的砚石，除了质地要好以外，还必须具备几个条件：

其一，砚坯上没有裂隙，没有充填的矿物细脉，例如石英脉或方解石脉等，符合这个要求的砚石就是上品。

其二，砚石的上下板面要平整，不允许有明显的挠曲和褶皱。砚石的厚度要大于 2 厘米。

其三，组成岩石的矿物颗粒要细，一般不宜大于 0.01 厘米（细粒结构），致密，透水性弱，颗粒分布均匀，颜色深，击之声音清脆为好，如有各种天然花纹，更是锦上添花，砚中的上品了。

其四，砚石硬度中等，一般要求在摩氏硬度 3 ~ 4 度，如果含各种矿物杂质时，其硬度应与砚石硬度相当。

我们伟大的祖国地大物博，各种性质的岩石都有，为砚石的发展提供了充足的原料。

◎ 四大名砚之一——歙砚

歙砚是我国著名的石砚，也是一种传统的工艺美术品，因产在安徽省的歙县而得名。歙砚始于唐代开元年间，至今已有 1200 多年的历史。歙砚按砚石的不同纹饰，可有许多品种，如"金星砚"、"银星砚"、"龙尾砚"、"峨眉砚"、"角浪砚"和"松纹砚"等。歙砚深得历代文人的好评，南唐李后主评歙砚为天下之冠，柳公权、欧阳修、苏东坡、蔡襄、黄庭坚等都称歙砚为"价值连城"的珍品。

歙砚的原材料为灰黑色的含石英粉沙粘板岩，它是泥质岩经变质后形

歙　砚

成的岩石，其矿物组成为绢云母、石英、碳质、黄铁矿、磁黄铁矿和褐铁矿等，矿物颗粒都较细小，大约在 0.005～0.01 毫米。岩石硬度不大，小刀能划动。岩石形成于 13.55 亿年前。

知识小链接

黄铁矿

　　黄铁矿因其浅黄铜的颜色和明亮的金属光泽，常被误认为是黄金，故又称为"愚人金"。黄铁矿成分中通常含钴、镍和硒，具有 NaCl 型晶体结构。其成分中还常存在微量的钴、镍、铜、金、硒等元素，含量较高时可在提取硫的过程中综合回收和利用。

　　歙砚的矿物成分及细小均匀的颗粒度使砚石具有发墨益毫、滑不拒墨、涩不滞笔、贮墨久而不涸的效果。"金星砚"金光闪闪，"银星砚"银光烁烁，奥妙就在于砚石中含有光彩夺目的黄铁矿和白铁矿。

　　历代制砚能手继承巧、妙、绝的艺术传统，歙砚以造型浑朴，图饰均匀饱满，刀法挺秀刚健等艺术风格为特点。历代歙砚还多以浮雕、浅浮雕、半圆雕等手法制成实用大方的各式砚台，深受画家和书法家的欢迎。

❤️ 十分珍贵的钻石

　　"钻石"一词源于希腊语，意思是"坚不可摧"——这是对世界上最坚硬物质的最合适描写。钻石矿是由纯碳在地下巨大压力和异常高温的条件下形成的。

　　钻石的重量以克拉为单位。1 克拉等于 0.2 克，1 盎司大约等于 142 克拉。"克拉"一词据认为来源于稻子豆，生长在一种叫克拉吐尼亚的长角树上。这个词的头两个音节显然被转化成克拉。

　　钻石那特殊的"火"使得它格外引人注目。没有其他任何一种宝石像钻石这样能把光谱分开，把光谱的颜色反射出来，辉煌灿烂，光彩夺目。

但是，要达到这种效果，必须对钻石精心切割，再把它磨光。首先，要由在行的设计师根据钻石的形状和原子结构，用印度墨水标出应当切割的地方。

切割钻石，要用另一块钻石作为切割刀具，先在钻石上刻槽，然后把它固定在夹框里，沿槽插入楔形钢刀，用木槌猛然一击，钻石就裂开了。

要把钻石锯开的话，需用一个外面以钻石粉末包裹的薄如纸一般的硫化钢圆饼来完成。圆饼每分钟转速 4000 转，4～8 小时能锯开大约 1 克拉大小的钻石。而后，用钻石粉末作为磨光的中介材料，把钻石的每一个小平面磨光。

世界上第一块大钻石是 1867 年南非波尔人（有荷兰血统的南非人）的一个小孩发现的。他在奥兰治河边发现这块钻石，把它当作一块漂亮的鹅卵石放在口袋里，他没想到那是一块重 21.25 克拉的钻石。

两年后，探矿者纷至沓来，因为在同样的地方有一个牧童捡到了一块更漂亮的钻石。他用这块钻石换取了 500 头羊、10 头牛和 1 匹马。换得钻石的人又以 50000 美元的价格卖掉了它。该钻石重 83.5 克拉，最后琢磨成一块珍珠形的钻石，送给英格兰杜德里市的伯爵夫人。

迁移进来的探矿者建造了一个简陋的小城镇，并以当时英国殖民部大臣金伯利命名。早期的钻石寻找者往往一夜之间便成为富翁，因为那些珍贵的石头就蕴藏在容易辨认的黄色黏土里。即使最上层的钻石已被获取，底下的橄榄岩——探矿者们称为"蓝地"，还有更多的钻石。

探险家们最后为商业矿主们打开了一条道路，从数百米深的地下把每一块可能得到的钻石扒回来。但是，当那些主要的、容易找到的钻石猎取完了之后，开采钻石就变得艰巨了。目前，在金伯利生产 1 盎司的钻石大约要搬走 1000 吨的泥土。然而，钻石如此宝贵，把大量无用的泥土搬掉仍然有利可图。

全世界每年开采的钻石大约有 5 吨，大量用在工业方面，因为钻石是已知的唯一能切割和研磨硬金属的天然材料。

由于陆上钻石矿源日渐枯竭，人们便费心于从海底获取的可能性。南非的海洋钻石公司在国际水域里捞取钻石。

石趣横生

　　人们经常会提到"试金石"这个词，它是指检验某物是否达到某一高度的检验者。可是你知道试金石到底是什么东西吗？你见过能发光的石头吗？还有，你听说过石头可以用来治病吗？你也许会惊奇，石头竟然会有这么多的神奇本领。其实，石头和大自然一样蕴藏奥秘，变幻莫测。这一章我们将讲述那些有"故事"的石头，看看它们是何面目。

能发光的石头

古印度有一个小山岗，就像我国的蛇岛那样，草丛里，树干上，到处都是眼镜蛇。有的在蜷曲蛰眠，有的在寻觅食物。人们发现，无论是白天，还是黑夜，眼镜蛇总是在一块大石头的周围打转转。奇妙的自然现象引起了人们极大的兴趣，人们探索着眼镜蛇以大石块为家的奥秘。

当夜晚来临的时候，在夜幕中，石头闪烁着微蓝色的亮光，就像黑夜里的火炬那样，招来许许多多昆虫在石头的上空飞舞，日长月久，石头上面竟落上一层昆虫的尸体。附近池塘里的青蛙贪食昆虫，一个个竞相跳来捕食那些小昆虫。可是贪食昆虫的青蛙哪里知道，眼镜蛇已躲在石头旁边，昂起脖子，睁圆眼睛，等待着它们的到来，准备吞而食之！当人们发现这个自然之谜是由会发光的石头引起的时候，便给这种石头取名叫"蛇眼石"。

"蛇眼石"是什么东西呢？经里德尔鉴定认为，蛇眼石就是萤石的矿物集合体。萤石在 X 光或紫外线的照射下，能够发出荧光。

人们还传说着一个故事。在古罗马的战场上，已经战死的双方勇士们的鬼魂，还经常在夜间进行激烈的战斗。你看他们打着火炬，穿着隐身服，骑上战马，手拿钢刀，正在拼搏。每当天空中雷鸣电闪的时候，也正是他们英勇战斗的时候，时明时暗的火光就是他们挥动的火炬。

其实，世界上是没有鬼魂的。所谓"鬼火"，实际上是一种含磷的岩石或死亡的动物骨骼中所含的磷，在阳光曝晒下，或在雷鸣电闪之后，或在 X 光的激发下，发出的一种时

> **趣味点击** 　　　　眼镜蛇
>
> 　　眼镜蛇为眼镜蛇科一属，其成员大多被统称为眼镜蛇。眼镜蛇属目前约有 20～22 个已确认品种，它们分布于中东、东南亚、非洲、印度尼西亚等地。眼镜蛇最明显的特征是颈部。该部位肋骨可以向外膨起用以威吓对手。因其颈部扩张时，背部会呈现一对美丽的黑白斑，看似眼镜状花纹，故名眼镜蛇。

明时暗的绿色火焰。在六七月的傍晚，常常发生雷鸣电闪，促使磷在空气中燃烧，形成五氧化二磷，并产生发光现象。所以在夏天的傍晚，最易看到游动着的磷火。

自然界有许多矿物和岩石能发光，萤石能发光是因萤石中有混入了硫化砷；金刚石能发光是因为金刚石中混入了碳氢化合物；磷灰石或磷块岩能发光是因为含有磷。白天它们在阳光下曝晒，激发发光物质，晚上它们就释放能量，发出美丽的荧光或蓝色火焰。

"蛇眼石"——萤石

相传，古代人把能发光的石头都叫"夜明珠"。千百年来，人们常常把它编成神话故事，将自然现象蒙上神秘的色彩。许多神话里都把"夜明珠"说成可以把龙宫照得如同白昼，可以把大地照得通明。

地质学家指出，矿物和岩石有两种不同的发光性：一种是当矿物或岩石在外来因素的刺激下，如太阳的曝晒，或紫外线、阴极射线的照射，发出光来，当刺激停止后，又立即停止发光。这种发光性称为荧光，如萤石、白钨矿、金刚石发的光为荧光。另一种是当刺激停止后，还能继续发光，这种发光性称为磷光。磷灰石可发出磷光。

基本小知识

紫外线

　　紫外线，也称化学线。紫外线的波长比可见光短，但比 X 射线长，波长范围在 10 纳米至 400 纳米，能量从 3 电子伏特至 124 电子伏特。它的名称是因为在光谱中电磁波频率比肉眼可见的紫色还要高而得名。虽然人眼看不见紫外线，不过大多数人都知道紫外线会造成晒伤。但紫外线还有其他的效应，对人类的健康有益处也有害处。

以金伯利爵士命名的岩石

1867年的一天，一个名叫范尼盖克的南非洲格里夸兰人，在去朋友家串门的时候，发现一个小女孩正在玩一颗闪光的石子。他觉得这石子很稀奇，便从小女孩手里要了过来，并请珠宝商做鉴定，结果认出这是一颗珍贵的金刚石。这就是在南非发现的第一颗金刚石，重21.5克拉（1克拉等于0.2克）。因为金刚石是宝石之王，所以这一发现轰动了全世界，许多人以贪婪的目光注视着格里夸兰地区。

金伯利岩

此后，大约在1868年末，金刚石挖掘者又在南非洲的瓦尔地区的哈尔茨河口附近，发现了金刚石砂矿。消息传开以后，成千上万的人如潮水般涌来，他们带着全家老小坐着牛车来到沙滩上，到处乱挖乱掘，寻找沙子里的金刚石。

但是，金刚石的原生产地直到1870年才被找到。人们在瓦尔地区南边杜多伊斯潘附近一种灰色的像石灰岩的岩石里发现了金刚石。从此，那些在河滩上乱挖乱掘的探索者，又纷纷地乔迁新居。不到两年的时间，金刚石产地的周围，就住有约4500人。这时，殖民统治者竭力争夺这块宝地，权势之争的结果是英国殖民当局胜利了。当时英国的殖民大臣是金伯利爵士，当权者就把这个约有4500人的居民点称为金伯利城。后来，路易斯在1887年又把金伯利城附近产金刚石的岩石称作金伯利岩，这就是金伯利岩名称的来历。

金伯利岩最早的含义是指在金伯利地区呈岩筒或岩墙状的含金刚石的云母橄榄岩。后来又把在其他地方产的，但不一定含金刚石的岩筒状云母橄榄岩也叫金伯利岩。目前，世界上已发现3000多个金伯利岩岩体，但其中含有金刚石的岩体只有400多个。

现在金伯利岩的概念是这样的：含有金刚石、镁铝榴石、铬透辉石等高压矿物，具斑状或碎屑结构的云母橄榄岩，并受到强烈的蛇纹石化（即橄榄石变成蛇纹石）和碳酸盐化（一些矿物被碳酸盐所代替）的岩石叫金伯利岩。金伯利岩在地表很容易风化，岩石强烈风化后，表层呈土黄色、黄褐色，往下风化程度较差，呈灰蓝色，用手一搓就变成土，人们称之为"黄土"和"蓝土"。黄土和蓝土的下面是新鲜的金伯利岩。金伯利岩常为灰

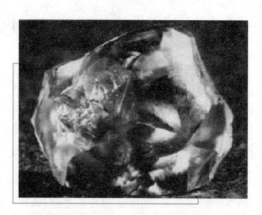

中国最大的天然金刚石——常林钻石

色、灰黑、灰蓝，甚至暗绿色。有块状的、斑状的（斑晶多为浑圆状），还有角砾状和岩球状的。岩球长轴可达 2 厘米，核心为橄榄石，风化后呈球状一层层脱落，俗称"凤凰蛋"。

知识小链接

镁铝榴石

镁铝榴石是含镁铝的石榴石，以其结构透明而用为宝石。其颜色变化于淡褐红色至淡紫红色之间。石榴石也叫好望角红宝石，其漂亮的品种通常被称为红宝石。

我国的广大地质工作者自 20 世纪 60 年代以来在祖国的大地上找到了含金刚石的金伯利岩岩体。它的产地有山东、辽宁、贵州、安徽等，原生金刚石的储量可观。1977 年 12 月，山东省临沭县岌山公社常林大队女社员魏振芳，在田间劳动时发现了一颗特大的天然金刚石，重 158.768 克拉。到目前为止，这是我国最大的一颗天然金刚石。在祖国辽阔的大地上，金刚石和盛产金刚石的金伯利岩是很有前景的。

稀少的火成碳酸岩

英国著名的地质学家道森酷爱地质事业，人们旅游喜欢逛名胜山水、园林风光，可是他偏偏对那些光秃秃的山感兴趣。他可以在火山口上蹲半天，观察火山口的情况。

1960 年，道森在坦桑尼亚奥多依伦盖火山口考查时，亲眼看到火红的火山物质往外喷溢。他敏感地辨别出，这座火山的喷发物气味特殊，其他火山因喷发硫化氢而使人感到窒息，然而这座火山没有这种气味。从化学测定得知，熔岩中冒出来的气泡几乎都是二氧化碳气体。这种异常的火山喷发物使他极感兴趣，决心搞清楚火山熔岩是由什么物质组成的。经过化学分析得知，这种火山熔岩绝大部分是碳酸钙，此外还有少量二氧化钛、三氧化二铁、一氧化猛、氧化钡、氧化锶、五氧化二磷、五氧化二铌等，其中稀土和镧的含量都比较高。这就是以前在印度曾经发现过的碳酸岩的成分特征。碳酸盐岩浆，这还是第一次发现。1966 年，他又发现了火山喷发的岩流，其成分是钠质碳酸盐并含霓霞岩的晶屑和岩块。从此，火成碳酸岩得到了充分的肯定。

火成碳酸岩的发现比碳酸盐岩浆早得多。1884 年，印度地质学家在印度纳里达河谷下游，发现了一种岩石。经仔细观察，这种岩石基本上是由碳酸盐矿物组成的，并有少量硅酸盐矿物伴生；不含化石，不呈层状分布，几乎没有沉积岩的特征，但当时并没有注意到它的由来。直到 1921 年，布列格尔在研究费恩地区碱性杂岩时，才首次确定这种与碱性杂岩体相伴生、以碳酸盐矿物为主的岩石是岩浆成因的，并正式命名为"碳酸岩"，以示与沉积生成的"碳酸盐岩"相区别。由此可知，碳酸岩和碳酸盐岩虽然只是一字之差，但在成因上却有"水"、"火"之别。

碳酸岩在外观上很像变质岩中的大理岩，颜色主要为白色、淡黄色、淡棕色，主要矿物为方解石、白云石和菱铁矿等碳酸盐矿物，此外，还有 80 多种含量很少的矿物，如磁铁矿、磷灰石、黑云母、金云母等。产出形态多为岩株、岩钟、岩墙或岩脉。常和镁铁质碱性岩，如霓霞岩类共生，构成椭圆形的杂岩体。巴西东南部的碱性镁铁质岩——碳酸岩环状杂岩体就是呈椭圆形的。

近年来，人们已经认识到，碳酸岩中常常含有许多稀有元素。因此，世界各国兴起了一个寻找碳酸岩的热潮。我国自从 20 世纪 60 年代以来，相继在湖北、四川、山西、云南、新疆、甘肃等地发现了与碱性岩有关的碳酸岩及其矿产。

比水还轻的浮石

位于中朝边界的白头山，高耸入云，山巅洁白，如戴玉冠。有人说白头山上那些白色的东西是终年的积雪；有人说："若待雪消冰融后，群峰仍像白头翁。"按后一种说法，白头山上几个山峰都由白色、灰白色以及少量的浅黄色的石头构成。这种石头质轻，形如肺，看上去满目疮痍。放在水中能飘浮在水面上。《长白征存录》记载："天池水面有浮石，形如肺，名海肺石。"地质学上称这种石头为浮石，或称浮岩，俗称蜂窝石、江沫石、水浮石等。

黑龙江省德都县五大连池火山群是火山工作者向往的地方，那里有 14 座火山锥，其中老黑山和火烧山是 1719 年和 1721 年两次火山爆发的产物。火山锥上和坡脚下，遍地皆是多孔的浮石。人们在浮石上行走，发出咯吱吱的响声，别有一番情趣。

浮石的气孔约占岩石体积的 30%，地质学家称其为气孔构造。岩石上的气孔是怎样形成的呢？近代实验岩石学表明浮石的气孔是这样形成的：当岩浆在地下深处时，因外部压力强大，挥发成分呈分散状态存在于岩浆中；当岩浆喷溢出地表后，因外部压力降低，熔岩内的挥发成分从岩体中析出成为气体，聚集成为气泡，并向上浮动。另一方面，因为温度降低，岩流表层黏度增大，因此阻止了气泡的浮动。这样，尚未逸出的气泡，就留在正在冷凝的岩石中，成为气孔。

比水还轻的浮石

浮石以玄武岩质居多，其他岩石也有气孔出现，但不太普遍。白头山上的浮石和五大连池的浮石，都是玄武岩。

浮石含有多种元素，主要有锆、铌、钼、铅、镓、锌、钡、铍、锶、硼和锰等，有富集形成稀有元素矿床的可能。

浮石为天然多孔石材，自身容重约 600～1100 千克/立方米，抗压强度约 150～170 千克/立方米，是一种非常理想的轻骨建筑材料。此外，由于浮石质地纯，容重轻，除了作轻骨料以外，还可以作普通水泥的掺合料，或磨细作无熟料水泥的主要原料。以无熟料水泥作胶结料，浮石作骨料，可以制作墙体砌块，保温和隔音性能好，用于建筑，价格低廉，符合质量要求。在熟料水泥生产过程中，掺入适量的浮石，不但可以提高水泥产量，而且可以改善水泥的某些性能。因此，在国外，浮石是建筑业中重要的天然轻质骨料之一。"摩天大楼"的建造也有浮石的一份功劳。

能治病的石头

地质学与中医学看来是风马牛不相及的两门学科，但事实上却有着千丝万缕的联系。有些矿物、岩石和化石，最早是在中药学中认识的，并首先运用于医药中。

朱　砂

我国医学已有数千年的历史，自古以来，医生经过"望、闻、问、切"之后，便要开药方用药。这些药物不外乎是植物、动物、矿物和岩石等。我们翻开药物学历史，利用矿物、岩石和化石作药物的书籍很多。

我国古代药物学自成一个体系，即历代"本草"之学。本草中除大量的医药知识外，还包括丰富的植物、动物、矿物、岩石和化石等方面的科学知识。它也成为我国古代生物学、化学、矿物学、岩石学和医药学的科学宝库。"本草"之学在历代都有所充实和发展。到了明代，李时珍（1518—1593）的巨著《本草纲目》问世，我国古代"本草"之学进入了一个新的发展阶段。该书记载药物 1892 种，其中矿物、岩石和化石 217 种，约占药物的 14.53%，这些"药物"都是地质工作者的研究对象。

这里介绍几种矿物在中药里的名称和用途，以开阔眼界，增长知识。

磁石，即磁铁矿石或磁铁石英岩，为炼钢炼铁的原料。铁黑色，具有磁性，含铁量可达 40% ~ 72%。在中药里，它与朱砂、神曲制成"磁朱丸"，能治肝肠上亢引起的头晕头痛、耳鸣耳聋、目视不明及心神不安等症；磁石也是纳气平喘药方中的主味药物。

基本小知识

耳　鸣

耳鸣是指人们在没有任何外界刺激下所产生的异常声音感觉，因听觉机能紊乱而引起。由耳部病变引起的常与耳聋或眩晕同时存在。由其他因素引起的，则可不伴有耳聋或眩晕。耳鸣使人心烦意乱、坐卧不安，严重者可影响正常的生活和工作。

朱砂，即辰砂或汞矿，为汞的硫化物。呈朱红色，比重很大，硬度较小，性脆，是定惊安神药。凡有睡卧不宁，烦躁不眠，惊痫癫狂之类的症状，必用朱砂。朱砂还能解毒医疮，但不宜久服，否则会汞中毒。

芒硝，即天然硫酸钠，呈白色的小晶体。有芒硝参与的药方，能治大便燥结、眼睛红肿、口内生疮等病症。

石胆，也称胆矾，为含水硫酸铜，呈铜绿色粉末。能止血止泻、收敛解毒。在医治狂犬咬伤的处方里，它是主要药物。

芒　硝

菱锌矿

硫黄，即自然硫，浅黄色，用手握住硫黄，受热后即发出噼啪的爆裂声。它能温肠通便、杀虫止痒，还可补火助阳。

赭石，即赤铁矿，三氧化二铁，樱红色，含铁比较高，是炼铁的原料。赭石具有凉血止血、降逆止呕、清火平肝的效力，还可治高血压引起的头晕、目眩、耳鸣等症。

硼砂，为硼酸盐矿物，呈洁白的小晶体。它是众所周知的解毒医疮药物，是有名的"冰硼散"中的主要药物，对急性咽喉炎、牙龈肿痛、中耳炎有很好的疗效。

炉甘石，矿物学上叫菱锌矿，化学成分为碳酸锌。可用于皮肤湿疮，溃烂久不收口，还可医治结膜炎、角膜炎等眼疾。

石膏，成分为含水硫酸钙，白色，硬度很小。它是清热降火的名药。有名的"白虎汤"里，石膏是主药，专医急性高热、口渴烦躁、出大汗等症。

雄黄，成分为硫化砷，橘红色。它是久传于民间的解毒医疮杀虫药物。千百年来，我国人民有在端午时节，盛夏将临之际，洒、饮雄黄酒的习惯，就是应用雄黄的解毒、杀虫的功效。

纤维石膏

◨ 能燃烧的岩石

相传，在半个多世纪以前，在一个夏天的傍晚，一个牧童正赶着羊群回家。突然，电闪雷鸣，风雨大作，倾盆大雨如瓢泼。雨过之后，天空中出现了彩虹。在不远的山坡上冒出了一股股黄黑的浓烟，随风飘来一阵阵刺鼻的沥青臭味。牧童觉得奇怪，空旷的山坡上，是谁放的火呢？是什么东西在燃烧呢？好奇心驱使牧童去寻找，找到冒烟的地方一看，原来是山上的一堆褐红色的石头着了火。

石头怎么会着火呢？牧童大惑不解，去请教村里人。消息传开后，三村五里的人都来捡石头当柴烧，人们把这种红褐色的能燃烧的石头叫"红煤"。

地质科学揭开了这个石头燃烧的奥秘，这种能烧的红煤，不是普通的石头，它和煤炭、石油一样，是能源家族中的一员，叫作油页岩，或称油母页岩。

油页岩是一种含碳质很高的有机质页岩，可以燃烧。岩石呈灰色、暗褐色、棕黑色，比重很轻，一般为1.3～1.7。无光泽，外观多为块状，但经风化后，会显出明晰的薄层理。坚韧而不易破碎，用小刀削，可成薄

油页岩

片并卷起来。断口比较平坦，含油很明显，长期用纸包裹油页岩时，油就会浸透到纸上来。用指甲刻划，富于油泽纹理，用火柴可点燃。燃烧时火焰带浓重的黑烟，并发出沥青气味。油页岩的矿物成分由有机质、矿物质和水分组成。矿物质中含有硅酸铝、氢氧化铁和少量的磷、铀、钒、硼、锗等。

基本小知识

沥　青

　　沥青，是高黏度有机液体的一种，表面呈黑色，可溶于二硫化碳（一种金黄色恶臭的液体）之中。它们多会以柏油或焦油的形态存在。沥青主要可以分为煤焦沥青、石油沥青和天然沥青三种。其中，煤焦沥青是炼焦的副产品；石油沥青是原油蒸馏后的残渣；天然沥青则是储藏在地下，有的形成矿层或在地壳表面堆积。沥青和碎石所铺的马路称为柏油路。

由于油页岩的可燃性物质含量高，闪电击在油页岩上产生的高温，促使油页岩的有机物中的碳与空气中的氧化合，形成二氧化碳并放出热量，促使油页岩燃烧，这就是"红煤"燃烧的奥秘。

你知道吗

浮游植物

浮游植物是一个生态学概念，是指在水中以浮游生活的微小植物，通常浮游植物就是指浮游藻类，包括蓝藻门、绿藻门、硅藻门、金藻门、黄藻门、甲藻门、隐藻门和裸藻门八个门类的浮游种类。

油页岩是怎样形成的呢？油页岩的成因和煤差不多。在地质时期中，有的静水湖或死水湖泊里生长着繁茂的低等植物和浮游生物。这些低等生物死亡之后，遗体沉到了湖底，日积月累，逐层堆积起来，在缺氧的还原环境里，经过细菌作用，分解了生物遗体中的脂肪和蛋白质，再经过缩合作用，便成了腐泥。地壳在不停地运动，随着湖泊的不断下降，腐泥层被泥沙沉积物覆盖起来。在静水压力作用下，腐泥受压失去水分，并逐渐固结形成了腐泥煤，也就是油页岩。

我国的油页岩，主要是在大陆湖盆中形成的。油页岩常在含煤岩层中出现，如河西走廊的厚煤层中夹有油页岩，东北抚顺巨厚的油页岩在两层煤矿之上。油页岩与煤共生的道理很简单，即随着湖泊和沼泽的发展，往往由形成油页岩的环境转变为形成煤的环境，因此二者共生。

我国油页岩的分布比较广泛，成矿时期比较长。有石炭纪（如广西东北等地），二叠纪（如新疆一些盆地）、三叠纪、侏罗纪（如河西走廊、陕北等地）、白垩纪（如辽宁）和第三纪（广东西南、辽宁抚顺、吉林的桦甸等地）。其中以侏罗纪和第三纪的油页岩最为发育。

旧友新知——碳酸盐岩

1967年的冬天，在江西省武宁老县城的石家祠堂旁边的石堆中，发现一块磨得非常光滑的青灰色石灰岩。人们把灰尘擦去后，仔细看上去，上面有支像竹笋一样的角石化石。经古生物工作者鉴定，这是中华震旦角石，是我国特有的中奥陶纪的标准化石。由此可以说明，这块岩石已经诞生 4 亿多年了。

中华震旦石

北京周口店的石灰岩溶洞，原来是北京人的广厦；西安碑林中有些石碑也是用石灰岩雕凿的。石灰岩是人类建筑史上最早使用的建筑材料之一。明代杰出的政治家和军事家于谦（1398—1457）有《咏石灰》诗一首："千锤万凿出深山，烈火焚烧若等闲。粉骨碎身浑不怕，要留清白在人间。"这首诗从字面上看，它写出了石灰是"千锤万凿"从深山里开采出来的石灰岩，经过"烈火焚烧"而成的，说明古人早已利用石灰岩了。

不难看出，石灰岩等碳酸盐岩石，可称得上是人类的老朋友了。因为石灰岩中常常含有大量的动物化石，所以早在 200 多年以前，地质学家和古生物学家与它们就结下了不解之缘。然而，地质学家过去对他们没做深入细致地调查研究，把它们当成化学沉积岩和浅海沉积的代表看待，甚至还误解了它的出生和性格。

从 20 世纪 50 年代以来，世界上许多地方的碳酸盐岩石中发现了石油，储量约占石油总储量的 50%，碳酸盐岩这才引起了人们的重视。自 20 世纪 60 年代以来，随着研究程度的深入，碳酸盐岩的基本概念也有了很大的变化。地质人员惊呼，对碳酸盐岩这个老朋友已经需要重新认识了。

碳酸盐岩主要是石灰岩、白云岩以及它们之间的过渡岩石。此外，还包括产量较少的菱锰矿岩、菱铁矿岩、菱镁矿岩和天然碱岩等。

石灰岩就是可以用来烧石灰的岩石。纯石灰岩是一种重要的化工原料，可以制造的确良等合成纤维，也可作水泥的主要原料。它的矿物成分为方解石，化学成分是碳酸钙，性质较脆，易溶于水，硬度较小。纯的石灰岩为灰白色；含泥质的石灰岩，呈黄色；含氧化铁的石灰岩带红色；含锰质的石灰岩呈蔷薇色；含碳质的石灰岩呈黑色；含沥青质的石灰岩用锤子敲击时，可散发出蒜味。

知识小链接

合成纤维

合成纤维是将人工合成的、具有适宜分子量并具有可溶（或可熔）性的线型聚合物，经纺丝成形和后处理而制得的化学纤维。通常将这类具有成纤性能的聚合物称为成纤聚合物。与天然纤维和人造纤维相比，合成纤维的原料是由人工合成方法制得的，生产不受自然条件的限制。合成纤维除了具有化学纤维的一般优越性能，如强度高、质轻、易洗快干、弹性好、不怕霉蛀等外，不同品种的合成纤维各具有某些独特性能。

白云岩是炼钢的助熔剂，也是水泥和合成纤维的原料。矿物成分为白云石，化学成分是钙镁碳酸盐。颜色多种，有白、灰白、淡黄、淡红、淡棕色等。白云岩性质较脆，硬度较小，较易溶于水。

在碳酸盐岩的矿物成分中，除方解石和白云石外，还有文石、菱镁矿、菱铁矿、菱锌矿、铁白云石等碳酸盐矿物。

许多碳酸盐岩石都保留了沉积时的一些痕迹，如由于干裂而成的"泥裂"；波浪冲击时留下来的"波痕"；沉积物顺着流水沉积形成的"层理"，以及水流方向发生变化形成的"交错层"等。这些痕迹说明，碳酸盐岩生成的环境是浅海到滨海环境。

20世纪60年代以来，对碳酸盐岩的重新认识是从研究结构开始的。对碳酸盐岩结构的研究发现，结构组分有四种，即粒屑、泥晶基质、亮晶胶结物和孔隙。

粒屑。相当于砂岩中的沙粒，是在海盆里由化学、生物学或机械作用形成，在原地或经短距离搬运沉积形成的。

泥晶基质。又称灰泥或微晶基质，或称碳酸盐泥，粒度很细，呈泥状。分布在粒屑之间，成分是石灰质的，与泥岩和泥质砂岩中的黏土物质相似。

亮晶胶结物。它与砂岩中的胶结物相似，起胶结作用，是一些粒径大于

10 微米的碳酸盐矿物晶体，这种晶体十分明亮洁净，所以形象地叫作亮晶。

　　利用碳酸盐岩结构组分研究结果，可以解释为什么世界上 50% 的石油产在碳酸盐岩中。碳酸盐岩中石油储存在什么地方呢？现在看来，油和气都储存在碳酸盐岩的孔隙里，粒屑之间的孔隙、生物骨架中的孔隙、生物体腔内或其他粒屑内部的孔隙和亮晶之间的孔隙都是石油储存的地方。这个发现为在碳酸盐岩中寻找石油提供了科学依据，为解决能源危机作出了贡献。

基本小知识 🖐

石　油

　　石油又称原油，是一种黏稠的、深褐色液体。地壳上层部分地区有石油储存。其主要成分是各种烷烃、环烷烃、芳香烃的混合物。它是古代海洋或湖泊中的生物经过漫长的演化形成，属于化石燃料。石油主要被用来作为燃油和汽油，也是许多化学工业产品如化肥、杀虫剂和塑料等的原料。

▶ 漫话试金石

　　金灿灿的黄金，历来都被看作是最珍贵的金属之一。由此人们也把许多珍贵的物品、高尚的品德以及纯洁的思想、情操都用黄金做比喻。如"一寸光阴一寸金，寸金难买寸光阴"，形容时间同黄金一样宝贵。"真金不怕火炼"，形容忠贞不屈。

　　黄金是金属中的贵族，它熔点高，化学性质稳定，颜色金黄，硬度小，而比重大，历来是作首饰、货币、奖杯等的原材料。因为黄金珍贵，所以往往有人"鱼目混珠"，以假乱真，把不纯的黄金或貌似黄金的其他金属冒充真金。纯金很软，作货币或首饰的黄金必须加入银、铜、镍等其他金属，提高其硬度。所以，古人有"金无足赤"的说法。金的含量通常用 K（读"开"）来表示，规定纯金的含金量为 24K。如 1979 年我国发行的纪念金币，成色为 22K，就是由 22 分纯金和 2 分其他金属熔炼制成的。

古代辨别真金、假金以及金的成色，唯一的鉴定方法就是用试金石来鉴定。试金石是一种测试真金与假金以及金的成色的石头。古代，由于科学技术水平所限，不可能采用精密的分析方法去鉴定黄金的成色，只能利用黄金的硬度小（摩氏硬度 2.5～3），在坚硬的岩石上刻划后，所留下的金黄色的痕迹来鉴别。地质学上称这种痕迹为条痕，也就是黄金粉末的颜色。既然是"金无足赤"，那么怎样辨认它所含杂质的多少呢？据明代宋应星所著《天工开物》记载，古代的鉴定标准是："金高下者，分七青、八黄、九紫、十赤，登试金石上，立见分明。"这就是说，金在试金石上刻划出来的条痕为

试金石

青色者，含黄金七成，杂质三成；条痕为黄色者，含黄金为八成，含杂质为二成；条痕为紫色者，含黄金为九成，含杂质一成；条痕为红色者，含黄金为十成。由此分辨金的成色。

试金石究竟是一种什么岩石呢？据考古发掘出土的古代金器和磨得很光滑的硅质岩块看来，我国的试金石大部分是用一种硅质砾石加工成的。试金石的硬度要大，以耐刻划；颜色要暗，易于观察条痕；表面要光滑平整，以便于测试。硅质岩的硬度为 6.5～7，不易磨损和风化，在河沟、干河谷、沙滩中都容易找到这种岩石。硅质岩的化学成分是二氧化硅，矿物成分是石英、蛋白石、玉髓和燧石等，颜色一般较浅。现在地质学者，也用试金石来鉴定金矿石中所含黄铁矿等杂质的多少。黑龙江、吉林浑江一带淘沙金时，就用河中硅质岩卵石做试金石；有人在新疆的古采金硐遗址附近，也见到硅质岩卵石，看来这就是古人的试金石。

硅质岩是由化学作用和某些火山作用形成的富含二氧化硅岩石的总称。最坚硬的硅质岩要数碧玉岩和燧石岩了。碧玉岩主要由自生石英和玉髓组成，常呈红色、绿色、灰黄色和灰黑色等，是由火山喷出的二氧化硅沉淀生成的，为地壳活动区的产物。

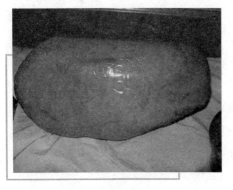

硅质岩

燧石岩即古代用来打火的火石。它由蛋白石、玉髓和微晶质石英组成。致密坚硬，贝壳状断口明显，灰色或黑色。常呈层状、条带状、凸镜状或结核状产出。燧石条带或结核常产于碳酸盐岩层中。

碧玉岩和燧石岩都是试金石，且都是较好的研磨原料，可作油石和细工石料。色彩美观的可作宝石。

◆ 流纹岩荟萃

流纹岩是一种酸性火山岩。它的化学成分、矿物成分与花岗岩一样，由石英、长石和少量的云母组成。结晶很细，甚至多半没有结晶。表面常有岩浆流动时的痕迹——流纹构造。流纹岩以浅红者为多，分布在沿海各省，但分布面积远比玄武岩和花岗岩少。有两种奇丽的流纹岩可供观赏。

◎ 盛开鲜花的岩石

在有的流纹岩的表面上，常出现极其精美的图案，有的像盛开的菊花，有的像分出支叉的鹿角，有的像天空中的虹，有的像山水画、花鸟屏，真是形形色色，奇妙万千，无所不有。

河北省兴隆县产的流纹岩，外观和普通流纹岩相似，肉红色，斑状结构，火山喷发时炽热熔浆流动的痕迹依然如

趣味点击　　菊花

菊花，多年生菊科草本植物，其花瓣呈舌状或筒状。菊花是经长期人工选择培育的名贵观赏花卉，也称艺菊，品种达三千余种。菊花是中国十大名花之一，在中国有三千多年的栽培历史。中国人极爱菊花，从宋朝起民间就有一年一度的菊花盛会。古神话传说中菊花又被赋予了吉祥、长寿的含义。

喷发之初。此外，在岩石的表面上，有一种像菊花一样的花纹。这种花纹在磨光的岩石面上显得更加清楚，宛如深秋时节盛开的朵朵菊花，昂首怒放。人们把这种花纹美丽的流纹岩称为菊花状流纹岩。

这些"菊花"是什么物质呢？让我们用偏光显微镜来揭开它的奥秘吧！把菊花状流纹岩磨成 0.03 毫米厚的薄片，用树胶粘在一块长条状的玻璃片上，再盖上一个玻璃片，这就成为岩石薄片了。然后将岩石薄片放到偏光显微镜下去观察。很微细的矿物晶体就可以放大几十倍、几百倍，使我们看得非常清楚。

我们在偏光镜下看到，菊花状流纹岩由斑晶和基质两部分物质组成。斑晶是由长石和石英组成的，斑晶之间的基质是微细"雏晶"，形状像头发丝，它们聚集起来呈水滴状、枣核状、枣状和放射状分布。"菊花"就是这些头发丝状的"雏晶"矿物组成的，在岩石学上称为放射状结构。

流纹岩上菊花的形成是一个复杂的过程。当流纹岩质的岩浆喷出地表以后，温度急剧降低，压力减小，岩浆很快冷却，流动性减小，黏稠度增大，在温度急剧变冷的条件下，形成了结晶很不好的"雏晶"。此时，岩浆仍在缓慢地流动，"雏晶"在内聚力作用下，成为悬浮的乳滴状。当它们凝聚后，就构成了放射状，这就是在岩石磨光面上见到的菊花。

◎ 仙都石笋

浙江的缙云县仙都，风光绮丽，怪石林立，山水竞秀，名胜古迹数不胜数。问渔亭前碧波浮翠，朱熹讲学楼前鸟语花香，真是仰俯皆是景，前后均入画。然而，仙都风景最引人入胜的，还是问渔亭前面的几支巨大的石笋，它们犹如雨后春笋，破土而出，耸立在问渔亭前。

这几支石笋是什么岩石呢？它既不是沉积岩，也不是变质岩，而是一种火山岩——流纹岩。这是自然界罕见的地质现象。一般说来，石笋、石柱、石钟乳之类，多由碳酸盐矿物组成，砂岩的淋蚀石林也可以见到，但由流纹岩构成的石笋却是独此一处。石笋上一些平直或曲弯的流纹就是岩浆流动的痕迹。流纹条带一般宽 0.5～2 毫米，流纹由长条状矿物和拉长的气泡平行排列而成。

在距今 1 亿年前的白垩纪时期，仙都一带曾有酸性（流纹岩）火山熔岩喷发，石笋就是火山喷溢产物。流纹岩的化学成分中二氧化硅占65%以上，这种岩浆的黏度较大，在地面上的流动速度就比较慢。岩浆流动过程中，气泡被拉长了，长条状矿物质顺岩浆流动方向平行排列，因此冷却后流动构造十分明显。由于岩浆黏度大，流动范围也不广，常堆积在一个地方，形成奇特的钟

仙都石笋

状岩体，称为岩钟，针状岩体称为岩针。仙都的石笋就属岩钟和岩针一类。

　　仙都的流纹岩，由于岩浆的黏度大，冷却迅速，因此岩浆中的气体被包裹在岩石里面，形成了球状的球泡和珠泡。

🔍 生物岩石

　　硅藻土和硅藻岩是生物骨骼组成的岩石。鸟粪石则是生物的粪便堆积形成的岩石。

◎ 硅藻土和硅藻岩

　　海洋是一个生命繁衍的世界。辽阔的海洋里有千奇百怪的生物，有大如轮船的鲸鱼，也有小如尘埃的藻类。即使在一滴海水中也可以包含几十万个微生物。

基本小知识

硅藻

　　硅藻是一类具有色素体的单细胞植物，常由几个或很多细胞个体连接成各式各样的群体，形态多种多样。硅藻常用一分为二的繁殖方法产生。

海洋中生活着一种硅藻，它的个体极小，只有 0.03 ~ 0.15 毫米。这种藻类的繁殖能力相当惊人，只要几十万年的功夫，硅藻的尸体层层堆积起来，可达到几十米厚。

　　硅藻岩就是硅藻死亡后的壳和部分放射虫类的骨骸以及海绵的针刺等组成的疏松岩石。颜色为浅黄、浅灰、浅棕褐色等。质轻多孔，光泽晦暗如土，吸水性强，为典型的生物结构。性脆易碎，断口呈不平坦状或贝壳状。

　　硅藻土的矿物成分主要是硅藻的壳。还有蛋白石、黏土矿物、碳酸盐、海绿石、石英和云母等。

　　硅藻岩与硅藻土相似，但岩石比较致密。

　　小小生物形成的硅藻土，在现代化建设中的用途可大呢！由于大自然赋予它隔热、隔音、绝缘、过滤、吸附能力强等特性，所以硅藻土是建音乐厅、电影院和高级宾馆的好材料。在工业上可作绝缘器材、过滤剂、漂白剂、吸附剂，还可作填料和陶瓷原料等。

　　硅藻生活的水体中富含二氧化硅、黏土和火山灰。硅藻土形成的时代自白垩纪至现代。硅藻土是在阳光充足、气候温暖潮湿的条件下形成的。

◎ 鸟粪石

　　古代海鸟的粪便和骨骸堆积起来，呈层状埋在泥沙之下，经过固结硬化，成层状产出的岩石，人们称之为鸟粪石。鸟粪石颜色灰白，比较坚硬，是一种很好的磷肥原料，可以直接当肥料下地。它同现代的鸟粪不同，没有臭味，也没有脏的感觉。

　　在祖国大陆的南方，广阔的南海上散布着许多个岛礁沙滩，像一颗颗宝石镶嵌在绿波如茵的南海之中，这就是闻名中外的南海诸岛。美丽富饶的西沙群岛上树木茂盛，鸟粪石成层，厚达 10 余米，自古以来就是我国渔民生息和捕鱼的基地。

能驯服噪声的珍珠岩

　　众所周知，乐音是振动有规律的、和谐的，可以形成音调的声音；噪声则是振动没有规律、不能形成音调的声音。随着社会的发展，科学文化的进步，乐音越来越悦耳动听，而噪声污染也越来越严重了。

用来计算声音强度的单位是"分贝"。簌簌作响的树叶声有 20 分贝，轻声细语为 30 分贝，公共汽车行驶的声音为 80 分贝，喷气式飞机飞行的声音为 130 分贝。经医学研究表明，强度为 20～30 分贝的噪声，人们还可以容忍和习惯，当音响增大到 60 分贝时，就会引起人的不适，人体的内分泌将发生紊乱，神经官能症和精神病的发病率会增高。长期在 90 分贝以上的噪音下工作的人，会产生噪声性耳聋。120 分贝的噪音则会引起生理上的疼痛，使人不能忍受。

现在，人们已经开始防治噪音了，许多地方的防治工作卓有成效。噪音的防治措施主要有三种：一是控制噪音源；二是在音源附近装置隔音板、隔音罩、消音器、隔音墙和隔音地面等；三是人员防护，比如用护耳器、耳塞、耳套等。

自 20 世纪 70 年代以来，一种新型的吸声材料——珍珠岩受到了社会的极大重视。因为这种材料同蛭石等吸声材料一样，质轻，具有吸声、保温、无味、无毒、耐酸、耐碱、防腐、不燃等优点，所以是一种超轻质、高效能的吸声保温材料，目前已经广泛用于国防、建筑、化工、石油、冶金、电力和冷藏等部门。

岩石学上的珍珠岩，是指酸性喷出岩的一个特殊变种，是一种含水约 2%～6% 的火山玻璃质岩石。由于岩石中含有球粒和大量珍珠状的裂纹，所以叫作珍珠岩。珍珠岩中的球粒呈棕色到黑色，球粒直径约为 2～3 毫米，大的达 6～8 毫米，有的呈肾状，有的聚集成透镜状集合体，有的成条带状球粒夹层，夹层厚度一般为 2～6 毫米。

工业上所说的珍珠岩或膨胀珍珠岩，最早是由珍珠岩加工而成的。后来，松脂岩和黑曜岩也被加工成为质轻、吸声、保温的材料，它们的工艺性能与珍珠岩相同，所以又把珍珠岩、松脂岩和黑曜岩统称为膨胀珍珠岩。习惯上也可统称为珍珠岩。松脂岩和黑曜岩也是酸性火山玻璃质的岩石，都含有少量的结合水。它们之间的区别主要是含结合水的多少不同。按结合水的含量划分：含水大于 6% 者为松脂岩；6%～2% 者为珍珠岩；小于 2% 者为黑曜岩。岩石学上把这类岩石统称为酸性火山玻璃熔岩。

珍珠岩经煅烧后,体积可骤然膨胀 10～20 倍,所以工业上称为膨胀珍珠岩。由于煅烧后体积膨胀,岩石体内的孔隙增加几十倍,因此质轻。孔隙与孔隙之间仅有薄壁相隔,俨如蜂窝或海绵一样,这种构造使它成为工业上的优质吸声保温材料。

我国的珍珠岩资源丰富,主要分布在我国东部沿海一带。从黑龙江到海南岛一线,到目前为止,已发现有几十个矿点。

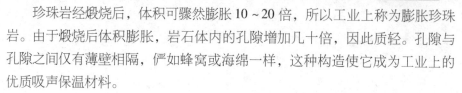 往外渗血的石头

石头大家都见过,但是见过会流血的石头吗?想必大家连听都没有听说过,但是,它确确实实是存在的。这样奇特的石头在苏州就能找到,如果你有幸去苏州旅游,一定不要错过观赏这一奇观的机会。

在苏州虎丘有一块往外渗血的石头,当地的人们叫它叫千人石。因为它是块会流血的石头,所以千人石成了虎丘著名的石景之一。从古至今,在苏州的民间传说着这样一个故事:千人石的下面就是吴王阖闾的坟墓。吴王修好自己的坟墓后,怕工匠们泄露坟墓的情况,怕自己死后不得安宁,在造好坟墓后,便把所有造墓的工匠和知情人都捆绑起来,挨个儿砍死在千人石上。从此以后,每到大雨滂沱的时候,千人石就从岩石中渗出“血水”。老人们说,那是造墓的工匠们的血当年浸透了千人石的缘故,所以,一下雨,就渗出来了。淡淡的“血水”,使人想起那些能工巧匠的悲惨命运和吴王阖闾的残暴行径。

知识小链接

阖闾

阖闾,吴王诸樊之子,名光,故又称“公子光”。春秋时吴国第 24 任君主,活动于春秋末期,公元前 514—公元前 496 年在位,著名军事家,同时也是春秋史上武功最强盛的霸主,于前 506 年率领 3 万吴军大败 60 万楚军,攻入楚都。

　　这难道真是石头在流血吗？据科学家的研究表明，血迹石根本没有流血，它们是属于外力作用形成的沉积岩，是由沉积岩中比较常见的石灰岩构成的。这种血迹石是在海底形成的，距今大概有三亿多年了。当时海水中一些具有钙质硬壳骨骼的海生生物的遗体，参与了石灰岩的沉积。在这期间，它们又与海水中的氧化铁和氧化锰相作用便出现了绛褐色的团块和条纹，经过地质作用便形成了血迹石。以后海底的血迹石随着地壳运动而抬升，不少血迹石也就镶嵌在隆起的山脉中了。

　　苏州虎丘一带在一亿几千万年前，是火山喷出的火山物质，火山灰掉落的山间水盆地。所以，血染之石实际上是紫红色的凝灰岩。

▶ 恐龙山和 "恐龙蛋"

　　自 1993 年在河南西峡县发现恐龙蛋以来，迄今为止已经出土了三万多枚恐龙蛋化石。而如今这一数字又将被翻新。专家推测，在西峡一处约五万平方千米的山地，可能蕴藏着 15 万枚恐龙蛋化石，种类达到二十多种。此外，还有大量的恐龙骨化石和古生物化石。因此，西峡县将是世界上最大的恐龙化石聚集的地区，这片山地被称为"恐龙山"也是当之无愧的了。

　　2008 年，西峡县阳城乡赵营村的村民修路的时候，在公路沿线发现西峡独有的恐龙蛋化石——"西峡巨型长形蛋"。这些"西峡巨型长形蛋"单枚蛋长 37 厘米至 50 厘米，成圆圈状围成一窝，每窝在 26 枚至 40 枚之间。而在公路沿线两千米范围内就发现有二十多窝这样的恐龙蛋化石。同时发现的还有树枝蛋、戈壁棱柱形蛋等十多种恐龙蛋化石。专家推

恐龙蛋化石

算，仅仅在赵营村，"西峡巨型长形蛋"的蕴藏量可能不少于五千枚，加上其他种类的恐龙蛋化石，总蕴藏量将超过两万枚。

1999年，一名少年在美国北达科他州发现了一具保存完好的恐龙木乃伊，可以看到其像鸭子一样的嘴巴，并且皮肤几乎完整无缺。现在，科学家已经从这具罕见的恐龙木乃伊上面找到了一些有机物，这意味着人类有望揭开有关恐龙的生物学秘密。

　　从西峡出土的恐龙蛋化石来看，这些恐龙蛋分布面积很广，在西峡县的各个地方几乎都能发现恐龙活动的遗迹。另外，恐龙蛋的埋藏相当集中，原始状态保存的都较为完整，且数量之多，举世罕见。

　　学术界普遍认为西峡盆地是我国迄今发现的年代最早的恐龙蛋化石地，时代大约为中生代白垩纪早期，距今一亿年左右。从现场观察，化石埋藏层倾角约50度，这可能是受新构造运动的影响所致。

　　西峡县为什么会有这么多的恐龙蛋化石呢？"恐龙山"又有着怎样的地理条件，来吸引数量如此之多的恐龙来此产蛋呢？专家推测可能是由于西峡山气候温和，雨量适中的条件适合恐龙的生存，且西峡山内的河流众多，也就不缺少水源这一重要条件。另外，由于恐龙不会孵蛋，它只能靠阳光的温暖来孵化恐龙蛋。因此恐龙一般都会寻找阳光充足，又接近水源的地方进行繁殖，而西峡就是适合恐龙繁殖的场所。也有人说化石埋藏层倾角约50度，并不是造山运动形成的。而是恐龙产蛋的地方原本就是坡面，它们是为了让蛋受到更充足的阳光照射。西峡是个盆地，它境内的山地和山岭起伏的坡度都很大，其自然坡度约为33°（西峡县最高海拔是2212.5米，最低海拔是海拔181米），也就是说西峡的坡面也是吸引恐龙来产蛋的原因，但这只是一种猜测。

　　那么又为什么会有这么多种类和数量的恐龙蛋呢？专家说恐龙是爬行动物，而现在的不少爬行动物会像海

一堆恐龙蛋化石

龟一样专门去一个地方产蛋，然后再去别的地方生活。恐龙中的某些种类也是这样的，它们的产蛋地都是环境比较适宜的西峡，所以到了繁殖季节，恐龙们会从各个地方赶来产蛋，日积月累，就形成了壮观的恐龙蛋集聚区。而"恐龙山"则可能被恐龙们认为是西峡中最黄金的产蛋地带，这就是为什么专家说"恐龙山"有大约15万枚恐龙蛋化石的原因了。

▶ 会唱歌的钟乳石

钟乳石也会唱歌，这听起来似乎是天方夜谭，然而，在湖北省京山县的空山洞有一组能发出音乐的"石编钟"（钟乳石群）。这组钟乳石群有12根，用橡胶软锤敲击不同位置，每根都能发出两个或三个不同的音高，音色柔和浑厚，符合标准的现代七声音阶和十二平均律，为此音乐家给这组钟乳石起了个好听的名字，叫作"石编钟"。

会唱歌的钟乳石石编钟位于京山县七宝山下的空山洞，这里属于典型的岩溶洞穴，主要发育在三叠纪的薄层灰岩地层中。洞穴发育受层面、西北和东北向节理、裂隙构造控制，由地下水沿层面、节理、裂隙构造溶蚀、侵蚀扩大而成。

空山洞内发现的这组大小10余根、酷似"石编钟"的钟乳石，分布在4米范围之间，通过对钟乳石的敲击，能发出七个全音阶，因而可演奏各种大小调乐曲，音色浑厚悠扬，发音自然、铿锵，意境悠远。"精美的石头会唱歌"，堪称世界地质奇观。

知识小链接

音 色

音色的不同取决于不同的泛音。每一种乐器、不同的人以及所有能发声的物体发出的声音，除了一个基音外，还有许多不同频率（振动的幅度）的泛音伴随，正是这些泛音决定了其不同的音色，使人能辨别出是不同的乐器甚至不同的人发出的声音。

钟乳石的形成过程：雨水渗入土壤溶解其中的大量二氧化碳，形成富含碳酸的土壤水，土壤水在继续向下渗流过程中，溶解碳酸盐岩层形成富含钙和碳酸氢根离子的地下水，这些地下水沿岩石裂隙进入洞穴，由于洞穴空气中的二氧化碳分压远低于水的二氧化碳分压，水中二氧化碳便快速逸出，使洞穴滴水在滴下以前就在洞顶处于碳酸钙过饱和状态，从而使得碳酸钙在洞穴顶部滴水的出口周围发生沉积，逐渐形成一种自洞顶向下生长的碳酸钙沉积体——钟乳石。

钟乳石

钟乳石群能奏出音乐，与钟乳石群的物质组成和结构特征等因素综合作用有关。

钟乳石为同心状的圈层结构，其中心部分有一根空管。钟乳石主要由方解石矿物组成，它的化学成分为碳酸钙，方解石由于具有特殊的物理性能，被称为特种金属矿物。方解石的晶体为斜方晶系，具有双折射率和偏光性能。

能发出音阶的钟乳石群主要为 7 根，高度为 1.5 ~ 2.5 米不等，直径为 8 ~ 30 厘米不等；每根钟乳石内的空心石管大小不同，直径为 1.5 ~ 4 厘米不等；钟乳石的锥顶均已断掉，断掉长度为 10 ~ 40 厘米不等。各钟乳石存在的这些差异，使得钟乳石在敲击时所发出的音阶各不相同。

知识小链接

音　阶

音阶就是以全音、半音以及其他音程顺次排列的一串音。基本音阶为 C 调大音阶，在钢琴上弹奏时全用白键。音阶分为"大音阶"和"小音阶"，即"大调式"和"小调式"。大音阶由 7 个音组成，其中第 3、4 音之间和第 7、8 音之间是半音程，其他音之间是全音程。小音阶第 2、3 音之间和第 5、6 音之间为半音程。

在空山洞被发现前，钟乳石在靠近洞顶部位及周缘有近期的沉积物，显示钟乳石的表面湿度较大，开发后由于其他原因和日光灯的高强度照射，钟乳石的表面水分被蒸发而变得干燥，因而对钟乳石进行敲击时会发出浑厚的音律；而在表面相对潮湿时是不能发出这种浑厚音律的，而可能是另一种清脆的音律。

能够形成风化层的条件：钟乳石群所处的位置要通风、空气要流动、二氧化碳的交换和钟乳石表面的湿度要有变化。这些条件都具备后就会在钟乳石的表面形成 $0.5 \sim 1$ 厘米厚的风化层。由于风化层的作用，对钟乳石进行敲击时只能发出浑厚的音律而不能发出清脆悦耳的音律。另外，由于钟乳石群所处的位置空间狭窄，对钟乳石进行敲击时发出的音律能够来回穿透或振荡。

"石编钟"特有的音律和音阶，敲击时如钟磬轰鸣，构成了动听的音乐世界。"精美的石头会唱歌"已经不再是传说。

◤ 泼水现竹的石壁

四川省仁寿县黑龙滩水库中的龙岩寺有一奇景，向龙岩寺的一座巨型石窟坐佛像两边的崖壁上泼些水，一侧的崖壁就会出现一幅"怪石墨竹"图：墨竹主干亭亭，枝叶潇洒；竹根临怪石处派生出一丛幼竹，婀娜可爱；顶部侧叶，长剑当空，刺向云天。而一旦石面水干，图画顿失。在另一侧则会显出一幅完整的题字：霜月澄凛，天风清劲，御史公刚明之气锤于私云，北宋乾道五年峨眉杨季友等字迹。

据县志记载，这"怪石墨竹"作者是文同，字与可，号笑笑先生，人称石室先生、文湖州。他平生爱竹、种竹、写竹，开拓了"湖州竹派"。著名汉语成语"胸有成竹"，就是他写竹经验的结晶。仁寿（古称陵州）县志记载："文同北宋熙宁四年知陵州后，在龙岩写怪石墨竹，两壁摩岩隐隐有光。怪石墨竹既无墨迹，又无雕镂痕；用水涤石，画面犹新。"

而那幅题字则是北宋乾道五年杨季友游到此处，情景交融，感时叹物留下的。《仁寿县志》说，文中御史公实指五代时官至御史的仁寿籍著名词人孙光宪。杨季友留字赞叹他置身危于不顾，力谏南平国归顺宋朝，对结束战乱，增进全国统一卓有功勋，与文同的墨竹画并无关联。

然而为何会出现字画隐形的现象？为什么它们都只有在遇水后才能浮现？在民间说法很多。

第一种说法是特殊的墨汁。这种墨汁是使用松烟、煤烟，加上乌龟尿，在铜炉内炼制而成，从现在的科学角度来看，这基本上是不可能的。

第二种说法是"魔墨"说。当地传说是苏东坡在密州就任时，从徽州买来一种魔墨相赠，文同便用这一魔墨画竹。但这一说应该是不存在的，其一是因为这个时候，文同在仁寿，苏东坡在密州，这么远的路，他不可能送一盒墨给文同；其二是苏东坡一生也是诗词歌赋都很有名，如果是一个魔墨，应该说他留下了很多，全国的很多地方也应留下这样的遗迹。

第三种说法是发光颜料说。有人猜测是在墨里渗入遇水发光颜料所致，然而人们从未发现任何可以遇水发光的古画，这更是无根无据之说。

第四种说法是石质、水质说。有人推测"怪石画竹写字"地处紫色岩石，含有化学元素钾，与水容易发生剧烈反应。而古时在黑龙滩也有不少文人墨客留下笔墨，并没有形成泼水现竹的景象，所以这种说法也站不住脚。

第五种说法是地理位置说。这一现象是因为龙岩处于神秘莫测的古怪位置，岩下水流滋生的仙气孕育的结果。但这一说法和特殊的墨汁说法一样，不足信。

知识小链接

水 质

水质，水体质量的简称。它标志着水体的物理（如色度、浊度、臭味等）、化学（无机物和有机物的含量）和生物（细菌、微生物、浮游生物、底栖生物）的特性及其组成的状况。为评价水体质量的状况，规定了一系列水质参数和水质标准，如生活饮用水、工业用水和渔业用水等水质标准。

第六种说法是涂层说。有专家经过取样分析发现，岩石的石壁上附着一层涂层，这层涂层可以吸水，水有折射功能，当水分越多的时候，水分底下的东西反射的就越明显。然而是谁将这幅画和字涂上保护层的呢？这些保护层的材料又是什么呢？虽然这些问题还没有答案，但是，随着科学的进步，我们一定可以解开这些谜团。

🔘 新疆古鞋印化石

在新疆乌鲁木齐市红山发现了一块奇特的化石，化石岩面上有个很像人类鞋印的印迹，印迹跟部有一条小古鳕鱼。化石出土于晚古生代二叠纪内陆湖盆的灰岩、页岩、油页岩地层中，距今约2.7亿年。

鞋印的印迹全长约26厘米，前端最宽处约10厘米，跟部宽约5厘米，前宽后窄，并有双重缝印，形态酷似人类左脚穿着皮鞋的鞋印。鞋印内有一条头朝鞋跟部、体长13厘米的古鳕类小鱼，标本背面劈开部分，能看到鞋印受外力挤压后形成的沙土粘连层，前部厚2厘米，中部厚1.5厘米。劈开后的另一块岩石面上，还有一条大鳕鱼，埋藏于底部。劈开时大鳕鱼的头、腹粘连于鞋印背面，鳕鱼背、背鳍、尾部均清晰可见。这块极端反常化石的发现，不仅引起人们极大的兴趣，也使人们陷入不解和困惑之中。

古代鳕鱼的出现使地层铸上了二叠纪鲜明的烙印，说明它形成于约2.7亿年前。考古人员反复研究这块奇特的化石，眼前仿佛再现了2.7亿年前发生这起事件的一幕：那是在二叠纪早期，这里是气候湿润的浩瀚湖区，水中鱼虾成群，水龟出没，恐龙的祖先原始爬行动物在岸上探头探脑，一条调皮的大鳕鱼趁湖水上涨游到岸边戏耍，当湖水退去时，它已经无法游回，便静静地躺在细软的潮泥里永远地睡去了。又

你知道吗

背鳍

鱼背部的鳍。沿水生脊椎动物的背中线而生长的正中鳍，为生长在背部的鳍条所支持的构造。

背鳍主要对鱼体起平衡的作用，如果剪掉背鳍，鱼就会侧翻，不能直立。但也有些体形长的鱼类，背鳍和臀鳍可以协助身体运动，并推动机体急速前进。如带鱼的背鳍、电鳗的臀鳍、海鳗的背鳍和臀鳍都能推动机体向前运动。又如特殊体形的海马，也是靠细小的背鳍运动来推动机体前进。

经过了很多年，大鳕鱼成了化石。当湖泥还湿润具有弹性时，一只穿着皮鞋的脚踏在了距离鳕鱼尾巴只有半步远的地方，留下一个注定要在2.7亿年后被人类发现的不寻常的印迹。湖水又一次上涨时，一条只有13厘米长的小鳕鱼又一次重蹈覆辙，随着湖水游到岸边。不幸的是小鳕鱼偏偏地钻进了鞋印里。当水流退去后，小鳕鱼也被永远留了下来。鞋印成了它最合适的墓穴。这块吞噬了两条生命的泥地随着不断的沉积，经过了漫长的2.7亿年，鞋印连同鳕鱼形成了这块奇特的化石。

从印迹的形态及尺寸上看，它是一只左脚的鞋印，鞋底上的双重缝印迹清晰。岩面上凹陷处，两端深中间浅，其受力前大后小，与人类走路时脚尖着力大，脚弓着力小的原理一致。更加令人不可思议的是，这枚化石与在美国发现的皮鞋印化石非常相似，其双重缝印的痕迹如出一辙。以至于有人戏言，二者就像是穿着同一双鞋子的脚踩出来的。

在美国肯塔基州杰克孙县昆布兰山修公路时，就曾在这个大约有3亿年历史的石炭纪岩层内发现了两个"阔大的人类脚印，而且脚趾分明，异常清晰"。

在美国内华达州菲夏峡谷的三叠纪地层中，也发现了双重缝制的皮鞋印，所用的线比美国街头修鞋匠惯用的线更为精细。

知识小链接

古生物学

古生物学是生命科学和地球科学的交叉科学。既是生命科学中唯一具有历史科学性质的时间尺度的一个独特分支，研究生命起源、发展历史、生物宏观进化模型、节奏与作用机制等历史生物学的重要基础和组成部分；又是地球科学的一个分支，研究保存在地层中的生物遗体、遗迹、化石，用以确定地层的顺序、时代，了解地壳发展的历史，推断地质史上水陆分布、气候变迁和沉积矿产形成与分布的规律。

在美国俄克拉荷马州黑台地发现了许多人类遗迹化石，而化石的沉积地层，是中生代白垩纪砂岩层。白垩纪正是恐龙统治地球的时代，人类根本还没有出现。此后在美国玫瑰谷发现的和恐龙在一起的人类脚印和在羚羊泉发现的踩着三叶虫的皮鞋印，更是引起了举世震惊。根据古生物学理论，在我们居住的地球上，30 亿年前最初的生命单细胞生物出现在海洋之中。经过漫长年代的进化，出现了多细胞的生物。到了距今 4 亿年左右，有了最早的脊椎动物鱼类。距今 2 亿多年前，巨大的爬行类动物恐龙曾经统治世界，但到白垩纪结束时，恐龙灭绝。

此后是哺乳动物的时代，到 200 万年前至 300 百万年前，原始人类在地球上出现。这是科学界公认的地球生物进化过程。据此，任何背离了这一进化过程的事物，科学界都认为是违反了自然规律而不可置信。然而随着反常的古生物化石不断地发现，现代的科学界面临着前所未有的巨大挑战。如果化石表明，人类是和恐龙共处同一时代，我们以前的进化理论又如何解释呢？这块珍贵的化石，给科学家们带来了一个巨大的疑问。根据现有的研究结果，即使是从最原始的人类算起，人类出现在地球上的时间也只有 300 多万年，人类的文明史只有 6000 多年，而人类穿鞋带帽的历史不超过 4000 年。那么该怎样理解这个 2.7 亿年前的谜呢？难道 2.7 亿年前就曾存在过类似人类的高级生命，穿着精制的皮鞋悠闲地来湖边游玩？

如果是，那么他们是谁？是来自太空的"外星人"，还是曾经在地球上发展出高度文明后来又毁灭了的，在我们之前出现的史前智慧生物？这个令科学家感到困惑的不解之谜，很可能是破译地球智慧生命演化之谜的一把不同寻常的钥匙。人类何时能用这把钥匙打开"生命演化"这把锁呢？

你知道吗

自然规律

自然规律是指不经人为干预，客观事物自身运动、变化和发展的内在必然联系。它也叫自然法则。

➡ 建筑用的巨石何处来

远古时代的巨石建筑和雕刻艺术使人们为之迷惑，苏格兰的巨石阵、复活岛上的石像像磁石一样吸引着好奇的人们。可能很少有人知道，在我国也存在着令人费解的巨石建筑遗迹，而且中外考古学家半个世纪以来一直对此争论不休。这些巨石建筑，习称"石棚"，一般是指用几块大石板或石块立在地上作为壁石，上面覆盖一块巨大盖石的古代建筑物。

据调查，这种石棚在全世界分布很广，从欧洲的丹麦、法国、德国、英国、俄罗斯、荷兰、比利时、葡萄牙、西班牙、意大利；非洲的埃及、阿尔及利亚、突尼斯、摩洛哥；直到亚洲的叙利亚、土耳其、印度、马来西亚、日本、朝鲜和中国等地。

基本小知识

辽东半岛

辽东半岛是中国第二大半岛，位于辽宁省南部。它的北面边界是鸭绿江口与辽河口的联线，其他三面临海。千山山脉从南至北横贯整个半岛，最高峰为步云山，海拔 1131 米。半岛沿海地带是平原，海中有很多岛屿，著名的有小龙岛（蛇岛）、长山群岛等。

我国的石棚在吉林、辽宁、山东、湖南和四川等省均有发现，而大部分则有趣地集中在辽东半岛上。解放前，日本学者曾对分布在我国东北的石棚专文介绍。时称"此等遗迹，殆分布于全世界中，而中国有无迄今尚无调查报告，实为奇异。中国考古学界，对于史前陶器之研究颇盛，而对巨石文化研究，则尚付阙如，实属遗憾"。辽宁省盖县石棚山遗址的石棚，盖石长 8 米多，宽近 6 米。厚 0.45 米，重达几十吨，单凭人力把这硕大的石板支架到 2 米左右高的石柱上面去，实在令人惊叹不已。而且，大石棚的壁石与盖石多经仔细加工磨制，壁石套合也很整齐，有的刻有沟槽，和铺底石结合在一起，这样宏大的古代建筑，即使现在农村也不容易再修，更何况在几千年前的新石器时代。石棚究竟是做什么用的？它的性质如何？它究竟产生于什么时代？它又在什么时代废弃？为什么石棚常三四个在一起，甚至成群？这一系列问题，引起一些考古学者半个世纪的沉思和争论。法国《人类学辞典》在世纪末对石棚的解释是，在三或四块巨石之上，支架一块扁平的巨大天井石，故亦称"石桌"。德国称之为"巨人之墓"，比利时称为"恶魔之石"，葡萄牙叫作"摩尔人之家"，在法国则有"仙人之家"和"商人之桌"两种俗名。

在我国辽东半岛，有石棚的农村多流传着"姑嫂修石升天"的故事，故习称"姑嫂石"。而朝鲜半岛则流传着巨神把石桌移到人间的神话。

　　目前，有的专家认为这是一种巨石坟墓，意义如同埃及的金字塔；有的专家认为它是一种宗教祭祀建筑物；有的专家认为它是古代氏族举行各种活动的公共场所等。过去大量考古学者把广泛分布于世界的石棚、立石桩、环石、列石、石蝎和积石墓等古代巨石建筑，统称为"巨石文化"。今天看来，上述建筑所在地域广袤、种类不一、延续时间又很长，有的从新石器时代开始一直到青铜时代甚至更晚，因而再将世界各地、各个不同时期的巨石建筑笼统地称为"巨石文化"似乎不妥。

　　半个世纪过去了，我国的考古事业今天正处于"黄金时代"，但是，认真研究"巨石文化"的考古工作者仍寥寥无几，这一方面是因为古代遗留巨石建筑数量较少、分布不广；另一方面原因则是这种巨石建筑缺乏文献典籍资料可依，也没有民族学等材料可循，仅在民间留下了许许多多动听而莫测的传说。

地质年代与岩石划分

　　地质年代指的是地球上各种地质事件发生的时代。地质年代的划分，是为了更好地认识地球、地壳演变的时代，了解各个地质年代的岩石的划分。

　　地质年代对于地球，就像年龄对于人类。地质年代就是地球的年龄，对于地质年代和对应年代岩石的研究，有助于更多地了解地球，认识这个人类生活着的家园。

　　每个地质时代，都有其自身的特征，对应的，也有属于其年代独特的岩石分类。

绝对地质年代

地质年代是指地壳中不同地质时代地层的具体形成时间和顺序。有相对地质年代和绝对地质年代之分。相对地质年代只说明地层在形成时间上新老顺序，主要依据古生物学方法加以划分；绝对地质年代是指通过对岩石中放射性同位素含量的测定，根据其衰变规律而计算出该岩石的年龄。

绝对地质年代是以绝对的天文单位"年"来表达地质时间的方法，绝对地质年代可以用来确定地质事件发生、延续和结束的时间。

在人类找到合适的定年方法之前，对地球的年龄和地质事件发生的时间更多含有估计的成分。诸如采用季节－气候法、沉积法、古生物法、海水含盐度法等，利用这些方法不同的学者会得到的不同的结果，和地球的实际年龄也有很大差别。目前较常见也较准确的测年方法是放射性同位素法。其中主要有 U－Pb 法、钾－氩法、氩－氩法、Rb－Sr 法、Sm－Nd 法、碳法、裂变径迹法等，根据所测定地质体的情况和放射性同位素的不同半衰期选用合适的方法可以获得比较理想的结果。

利用放射性同位素所获得的地球上最大的岩石年龄为 45 亿年，月岩年龄 46 亿~47 亿年，陨石年龄在 46 亿~47 亿年。因此，地球的年龄应在 46 亿年以上。

基本小知识

放射性同位素

如果两个原子质子数目相同，但中子数目不同，则他们仍有相同的原子序数，在周期表是同一位置的元素，两者就叫同位素。有放射性的同位素称为"放射性同位素"，没有放射性的则称为"稳定同位素"，并不是所有同位素都具有放射性。

地质年代单位的划分等级，从高到低依次为宙、代、纪等。宙下被划分为一些代。通常的分法大致有：太古代、元古代、古生代、中生代、新生代五个代。太古代一般指的是地球形成及化学进化这个时期，可以是从46亿年前到38亿年前或34亿年前，这个数字之所以有数以亿计的年数之差是因为我们目前所能掌握的最古老的生命或生命痕迹还有许多的不确定因素。

元古代紧接在太古代之后，其下限一般定在前寒武纪生命大爆发之前，这个时期目前在5.7亿到6亿年前。太古代和元古代这两个名称是1863年由美国人洛冈命名的。他命名的意思是指生物界太古老和生物界次古老。

自寒武纪后到2.3亿年前这段时间为古生代，这个名称由英国人赛德维克制定，他依照洛冈取了生物界古老的意思，此事发生在1838年。从2.3亿年前到0.65亿年前为中生代，从0.65亿年后到现在为新生代。这两个代均由英国人费利普斯于1841年命名，取意分别为生物界中等古老和生物界接近现代。

代以下的划分单元为纪。让我们从最古老的纪开始吧。最古老的纪叫长城纪，然后是蓟县纪、青白口纪、南华纪、震旦纪。

震旦纪，由美籍人葛利普于1922年在中国命名。葛利普当时活动在浙、皖一带，他按照古代印度人称呼中国为日出之地而取了这个名称。震旦纪起于18亿或19亿年前，止于5.7亿年前。这个时期的生命主要是细菌和蓝藻，后期开始出现真核藻类和无脊椎动物。

葛利普

南华纪

南华纪是新元古代中期的一个纪。始于距今8亿年至距今6.8亿年，这一时期沉积称南华纪。

古生代有六个纪，分别是寒武纪、奥陶纪、志留纪、泥盆纪、石炭纪和二叠纪。1936年，赛德维克在英国西部的威尔士一带进行研究，在罗马人统治的时代，北威尔士山曾称寒武山，因此赛德维克便将这个时期称为寒武纪。33 年以后，另一位英国地质学家拉普华兹在同一地区发现一个地层，这个与较早发现的志留纪与寒武纪相比有着诸多不同的地方。它介于上述两个层之间，显然是属于一个不同的有代表性的时期，因此他根据一个古代在此居住过的民族名将这个时期称为奥陶纪。

志留纪的名称的产生比寒武纪和奥陶纪都要早，大约是在 1835 年，莫企孙也是在英国西部一带进行研究，名称的意思来源于另一个威尔士古代当地民族的名称。莫企孙和赛德维克于 1839 年在德文郡将一套海成岩石层按地名进行了命名，中文翻译为"泥盆"。石炭这个名称的出现可能是最早的，1822 年康尼比尔和费利普斯在研究英国地质时，发现了一套稳定的含煤炭地层，这

是在一个非常壮观的造煤时期形成的，因此因煤炭而得名。

二叠纪这个名称是我国科学家按形象而翻译的，最初命名是在 1841 年，由莫企孙根据当地所处彼尔姆州（俄乌拉尔山乌法高原）将其命名为彼尔姆纪。后来在德国发现这个时期的地层明显是上为白云质灰岩，下为红色岩层。这也是我国后来翻译成二叠纪的根据。

中生代为三个纪。第一个是三叠纪，由阿尔别尔特命名于德国西南部，这里有三套截然不同的地层，因此得名。

侏罗纪是中生代的第二个纪。在法国与瑞士交界处有一座侏罗山，1829 年前后亚历桑德雷·布隆尼亚在这里研究发现该处有非常明显的地层特征，侏罗纪因此以山命名。

第三个是白垩纪。1822 年，德哈罗乌发现英吉利海峡两岸悬崖上露出含有大量钙质的白色沉积物，这恰恰是当时用来制作粉笔的白垩土，于是便以此命名该地质年代为白垩纪。需要指出的是，世界上大多地区该时期的地层

菊　石

并不都是白色的，如在我国就多为紫红色的红层。

莱尔曾经将古生代称第一纪，中生代为第二纪，新生代为第三纪。1829 年德努阿耶在研究法国某些地区的地质时按魏尔纳的分层方案从第三纪中又划分出来了第四纪，这样，新生代便由这两个纪所组成。从前的第一纪则由纪升代含六个纪，同样第二纪也升代含三个纪。

纪下面还有分级单位，如"世"，一般是将某个纪分成几个等份，如新生代依次分为古新世、始新世、渐新世、中新世、上新世、更新世、全新世等。

▶ 寒武纪

寒武纪是古生代的第一个纪。寒武纪开始于距今 5.42 亿年，延续时间为 5370 万年。

寒武纪分为早寒武世、中寒武世和晚寒武世。动物群以具有坚硬外壳的、门类众多的海生无脊椎动物大量出现为其特点，是生物史上的一次大发展。其中三叶虫最为常见，是划分寒武系的重要依据。其他尚有无铰、几丁质外壳的腕足类小舌形贝、小园货贝以及古杯类和软舌螺等。植物群以藻类为主，还有一些微古植物。寒武纪三叶虫群分区现象特别明显。动物地理区主要有两个，即东方太平洋区和西方大西洋区。大西洋动物群，其分布范围包括大西洋两岸，如西北欧及美洲最东部新英格兰地带。早寒武世、

三叶虫化石

中寒武世和晚寒武世分别以贺尔姆虫、奇异虫和油栉虫为代表。太平洋动物群，则以莱德利基虫、库庭虫和褶盾虫为代表。

你知道吗

褶盾虫

褶盾虫属于三叶虫纲褶颊虫目。头鞍大，近柱形，鞍沟3对，常相连接，褶盾虫头鞍前叶呈圆球形，大而突出。前边缘极窄，无边缘沟。固定颊近三角形。眼叶小，位于前端。尾部横宽，中轴粗而凸起，肋部平，可具边缘。壳面具线纹或粒点。该虫生活在晚寒武纪晚期，分布于亚洲及北美洲。

在中国山东省张夏、崮山、馒头山一带，寒武纪地层发育和出露都十分良好，而且紧靠京沪铁路，交通便利，早在19世纪末就为国内外地质学者所重视。1903年美国地质学家 B. 维里斯和 E. 布莱克威尔德在张夏、崮山、莱芜九龙山等地测量了剖面，采集了化石，对寒武纪地层作了初步划分，其研究成果于1907年正式发表，将张夏、崮山一带的寒武纪地层自下而上划分为馒头页岩、张夏灰岩、崮山页岩、炒米店灰岩。之后美国古生物学家毕可脱（1913年）、日本人远藤隆次（1939年）、小林贞一（1941年、1942年、1955年）均相继研究过张夏、崮山一带寒武纪地层中的生物化石。

我国著名的地质学家孙云铸教授从1923年起对张夏、崮山地区的寒武系进行了长达20余年的研究，对寒武纪地层做了划分。1953年，卢衍豪、董南庭重新观察了张夏、崮山一带寒武纪标准剖面，其中最重要的是把 B. 维里斯和 E. 布莱克威尔德的馒头页岩自下而上再分为馒头组、毛庄组、徐庄组，并把前两个组置于下寒武统，把后一个组归入中寒武统，炒米店灰岩再分为凤山组及长山组，将张夏地区寒武系确定为7个单位和17个三叶虫化石带。此后，有关地质院校，如中国地质大学等，以及山东省地质局等单位，先后对张夏寒

孙云铸

武纪地层剖面作过大量的野外观察、剖面测制、室内鉴定和专题研究，取得了丰富的实际资料，从不同的角度补充和完善了该剖面的基础资料，进一步提高了该剖面的研究水平。

张夏寒武纪地层剖面，把寒武系划分为下、中、上统的7个地层单位，即下统的馒头组，中统的毛庄组、徐庄组、张夏组，上统的崮山组、长山组、凤山组。现从老到新简述如下：

馒头组主要由紫红色、黄绿色等杂色页岩及泥质、白云质灰岩组成。底部不整合于泰山杂岩的肉红色片麻状花岗岩之上。下部灰岩中含磁石结核和条带，上部页岩中具微细水平层理，中部页岩含有三叶虫化石——中华莱德利基虫。厚度约119米。

你知道吗

地质学家

从事研究形成地球的物质和地球构造、探讨地球的形成和发展，且成绩卓越的科学工作者，称地质学家。

毛庄组主要由紫色云母质页岩和灰岩组成。含三叶虫、腕足类及藻类化石。厚度约39米。

徐庄组主要由紫灰色页岩和鲕状灰岩组成，其中下部的灰岩及灰质粉砂岩中常具斜层理或交错层理。含有徐庄虫等三叶虫化石及腕足类化石。厚度约73米。

蒿里山虫

张夏组主要由鲕状灰岩和藻类灰岩组成，中夹杂色页岩。含德氏虫等三叶虫化石。厚度约198米。

崮山组主要由竹叶状灰岩、疙瘩状灰岩和黄绿色页岩组成。含蝴蝶虫、蝙蝠虫等三叶虫化石。厚度约51米。

长山组主要由迭层石灰岩、具红色氧化圈竹叶状灰岩、紫色页岩组成。含有庄氏虫、蒿里山虫等三叶虫化石。厚度约70米。

凤山组主要由泥质灰岩和竹叶状灰岩组成。含济南虫、方头虫等三叶虫化石，以及海百合茎和腕足类化石。厚度约130米。

张夏寒武纪地层的标准剖面，分别位于张夏和崮山一带的馒头山、虎头崖、黄草顶、唐王寨、范庄等地。其中的馒头山是徐庄组、毛庄组、馒头组的剖面，虎头崖－黄草顶是张夏组的剖面，唐王寨是崮山组、长山组的剖面，范庄是凤山组的剖面。

你知道吗

古生物

古生物是指生存在地球历史的地质年代中，而现已大部分绝灭的生物。包括古植物（芦木、鳞木等）、古无脊椎动物（货币虫、三叶虫、菊石等）、古脊椎动物（恐龙、始祖鸟、猛犸等）。

张夏寒武纪地层剖面，在泰山主峰之北，位于泰安和济南之间交通干线的两侧，交通方便，而且构造简单，出露完全，十分有利于现场观察和研究。它是我国地层和古生物研究历史最长、研究程度最高的地层剖面之一，在我国地质学史上占有很重要地位。1959年全国地层会议后，被正式确定为我国北方寒武系的标准地层剖面，在我国不同地区寒武纪地层对比和国际寒武纪地层对比方面起着重要作用，同时也是许多寒武纪古生物种属命名地或模式标本的原产地。因此，这个标准地层剖面，在国内外十分闻名，长期以来有许多国内外地质学者不断来此参观考察，同时也成为我国高等院校地质学的重要实习基地，无论在地质科学方面，还是在生产实践以及地质教育方面，都具有很高的科学价值。

奥陶纪

奥陶纪，地质年代名称，是古生代的第二个纪（原始的脊椎动物出现），开始于约距今5亿年，延续了6500万年。

奥陶纪在地质学上，是古生代中5.1亿～4.38亿年前这段时间，可分为三个时期——奥陶纪早期（早奥陶世，5.1亿～4.78亿年前），奥陶纪中期

（中奥陶世，4.78亿～4.53亿年前）和奥陶纪晚期（晚奥陶世，4.53亿～4.38亿年前）。

　　奥陶纪是地史上海侵最广泛的时期之一，世界许多地区都广泛分布有海相地层。在板块内部的地台区，海水广布，表现为滨海浅海相碳酸盐岩的普遍发育，在板块边缘的活动地槽区，为较深水环境，形成厚度很大的浅海、深海碎屑沉积和火山喷发沉积。奥陶纪末期曾发生过一次规模较大的冰期，其分布范围包括非洲

奥陶纪海底样貌

（特别是北非）、南美的阿根廷和玻利维亚以及欧洲的西班牙和法国南部等地。

　　科学家认为，奥陶纪时期，各大陆相对于两极的位置和大陆之间的相对位置都曾发生过重要的改变。当时，西伯利亚中北部、加拿大北部的部分地区、中国北部和澳大利中西部都属于干热气候的地区；相反，北非的撒哈拉沙漠、南非开普地区曾经覆盖着厚厚的冰层，属于寒冷气候地区。这说明，奥陶纪时，古南极在现在的撒哈拉沙漠以南，古北极位于南太平洋，古赤道恰好穿过西伯利亚中西部和中亚一带，经加拿大西部向南太平洋岸南下。

　　中国的海侵是在海域延续下来的。扬子地台和中朝地台西部边缘地带，在中、晚寒武世或早奥陶世略有上升，奥陶纪早期地层缺失，较新的奥陶纪地层与寒武系呈假整合接触。在中朝地台的中部、东部和扬子地台，奥陶纪地层与寒武纪地层皆呈整合接触。中奥陶世之后中朝地台上升为陆地，除西部边缘地区外，晚奥陶世没有沉积。奥陶纪加里东运动在地台区表现为频繁的震荡运动，地槽区有较多的火山喷发岩、中基性和中酸性火山岩，如北方地槽区。祁连山地槽区火山活动有两个时期，一是早奥陶世中期，另一个是晚奥陶世。

你知道吗

海侵

　　海侵是在相对较短的地质史时期内，因海面上升或陆地下降，造成海水对大陆区侵进的地质现象。它又称海进。

奥陶纪化石

欧亚大陆上有4个稳定的地台区，即俄罗斯地台（东欧地台）、西伯利亚地台和规模较小的中朝地台、扬子地台。印度半岛和阿拉伯半岛也属稳定区。前述4个地台，除少数地区外，基本上被海水侵入，形成浅海水域，地台的周围被地槽区所围绕。俄罗斯地台和扬子地台的南缘，呈东西向条带状的海域即古地中海。古地中海的南缘止于非洲北部、阿拉伯半岛中部、伊朗南部和印度半岛北部，向南经中南半岛与澳大利亚东部及北部奥陶纪的海域相连，更南可能伸延到南极地区。北美大部为地台浅海地区，沉积以石英砂岩、页岩和碳酸盐岩为主，厚度不大。北美大陆的东西两侧为地槽区的海域，西部以碎屑岩和碳酸盐岩为主，东部以硬砂岩、泥岩和火山岩为主。南美的西部太平洋沿岸地带为地槽海域，北部和中部为地台浅海海域。南大陆的周围边缘地带皆被地槽区或地台型海域所围绕，非洲、印度半岛、澳大利亚西南部、南美东部和南极洲的东部皆为陆地。

奥陶纪早、中期继承了寒武纪的气候，气候温暖、海侵广泛；奥陶纪晚期南大陆的西部发生了大规模的大陆冰盖和冰海沉积，代表寒冷的极地气候。按古地磁数据，奥陶纪南极应位于现在北非西北部，这与非洲冰碛层的分布应位于南极圈内的解释是吻合的。南大陆的东部仍处于赤道附近。北美地区、西伯利亚和中国华北地区有蒸发岩沉积，推测为干热气候环境，属于低纬度地区。奥陶纪北极应位于南太平洋，大陆地区基本上位于南半球，从沉积物来判断，当时南半球的气候分带比较明显。同时，还由于晚奥陶世末期大冰期的存在，影响全球海平面的下降，并引起广泛的海退。

你知道吗

欧亚大陆

欧亚大陆是欧洲大陆和亚洲大陆的合称。这是因为，欧洲大陆和亚洲大陆是连在一起的。从板块构造学说来看，欧亚大陆由亚欧板块、印度洋板块和东西伯利亚所在的北美洲板块所组成。

📷 志留纪

志留纪是古生代的第三个纪，开始于距今 4.38 亿年，延续了 2500 万年。志留纪可分早、中、晚三个世。

志留纪地层在世界范围内分布很广，当时的浅海海域广泛分布于亚洲、欧洲和北美洲的大部分地区，以及澳大利亚、南美洲的一部分地区。非洲和南极洲除个别地区外，当时均为陆地。中国的志留系分布不如奥陶系广，整个华北地区一般缺失志留纪地层，大部分华南地区的志留纪地层限于兰多维利世或可能的文洛克世最初期。华南地区是中国志留系研究的标准地区，研究基础最好。过去划分的龙马溪组、罗惹坪组和纱帽组分别被归入下、中、上志留统，经近年研究，宜全部归入早志留世兰多维利统。

志留纪化石

志留纪的分层系统及标准化石分带是采用各地的资料综合确立。英国则被视作国际志留系研究的标准地区。兰多维利、文洛克和罗德洛 3 个统均在英国确立。此外，在挪威南部、加拿大东部的安蒂科斯蒂岛、瑞典的哥德兰岛、乌克兰的波多利亚地区、捷克和斯洛伐克的布拉格附近地区，都有发育良好的志留纪不同时期的地层和生物群。

在全部地层系统中，志留系是第一个基本健全年代地层系统的系。这个系的顶、底界线、统的划分和阶的建立，均由国际志留纪地层分会提出方案，被国际地层委员会在 1981 ~ 1985 年先后批准。建立全球的标准方案，对于获得国际地质共同语言，便于统一使用和广泛对比，是十分需要的。

志留纪的动物化石

志留系的顶界，已选定均一单笔石生物带的底为界，并选择捷克和斯洛伐克的巴兰德地区克伦克剖面作为其界线层型剖面，这个提案被国际志留－泥盆纪界线工作组几乎一致通过（1977 年）。志留系的底界的选定，放弃了传统的观点，即将雕笔石带之底作为志留系的底界，改为用笔石带的底界为界，其界线层型选在苏格兰莫弗特地区的多斯林恩剖面。由于该剖面系单相型，沉积环境不适宜于底栖生物，所处位置地质构造复杂，所以这个方案在国际奥陶纪－志留纪界线工作组只以微弱的多数获得通过，尚待继续检验。

志留系的再分，包括 4 个统及其各自的分阶。

你知道吗

笔　石

笔石是笔石动物的化石，由于其保存状态是压扁成了碳质薄膜，很像铅笔在岩石层上书写的痕迹，因此才被科学家叫作"笔石"。

（1）兰多维利统。标准地区在英国威尔士南部达费德的兰多维利镇周围。兰多维利统分成 3 个阶，最底部的阶称为鲁丹阶，其底界与国际上已通过的志留系底界一致；第 2 个阶称为阿埃罗尼安阶，以笔石生物带之底为底界；最上部称特利奇阶，以笔石带之底为底界。

（2）文洛克统。标准地区在英格兰什罗普郡的文洛克地区。分成两个阶，下部谢因伍德阶和上部霍麦尔阶。谢因伍德阶的开始，也是文洛克统的开始，以带的出现为标志；霍麦尔阶则以带为最底部一个笔石带。

（3）罗德洛统。标准地区在英格兰什罗普郡的罗德洛地区。共分成两个阶，格斯特阶和路德福特阶。格斯特阶的底界亦即文洛克与罗德洛两个统之间的分界，与笔石带的底界相吻合，路德福特阶的底界相当于笔石带之底。

（4）普里道利统。标准地区在捷克和斯洛伐克的巴兰德地区。其底界为带的底，顶界即志留系顶界。到目前为止，这个统尚未能再分成若干阶。有人对这个统的级别还在怀疑，甚至认为只是一个阶而不是一个统。

🔘▶ 二叠纪

古生代最后一个纪，约开始于 2.9 亿年前，结束于 2.5 亿年前。在这一期间形成的地层称二叠系。1841 年，英国地质学家在乌拉尔山脉西坡发现一套发育完整，含有化石较多的地层，可以作为二叠纪标准剖面，并依据出露地点卡玛河上游的彼尔姆地区命名。德国二叠纪地层可明显地分为两部分，下部为红色砂岩，称赤底统（陆相），上部为镁质灰岩，称镁灰岩统（海相）。

二叠纪是生物界的重要演化时期。海生无脊椎动物中主要门类仍是螳类、珊瑚、腕足类和菊石，但组成成分发生了重要变化。节肢动物的三叶虫只剩下少数代表，腹足类和双壳类有了新的发展。二叠纪末，四射珊瑚、横板珊瑚、螳类、三叶虫全都绝灭；腕足类大大减少，仅存少数类别。

基本
小知识

珊　瑚

珊瑚狭义上指"珊瑚虫"，一种构成广义"珊瑚"的捕食海洋浮游生物的低等腔肠动物；而广义上的"珊瑚"不是一个单一的生物，而是指由众多珊瑚虫及其分泌物和骸骨构成的组合体，即所谓非植物类的"珊瑚树"以及非矿物类的"珊瑚礁"。

脊椎动物在二叠纪发展到了一个新阶段。鱼类中的软骨鱼类和硬骨鱼类等有了新发展，软骨鱼类中出现了许多新类型，软骨硬鳞鱼类迅速发展。两栖类进一步繁盛。爬行动物中的杯龙类在二叠纪有了新发展；中龙类生活在河流或湖泊中，以巴西和南非的中龙为代表；盘龙类见于石炭纪晚期和二叠纪早期；兽孔类则是二叠纪中、晚期和三叠纪的似哺乳爬行动物，世界各地皆有发现。

节 蕨

早二叠世的植物界面貌与晚二叠世相似，仍以节蕨、石松、真蕨、种子蕨类为主。晚二叠世出现了银杏、苏铁、本内苏铁、松柏类等裸子植物，开始呈现中生代的面貌。

二叠纪是 3 亿至 2.5 亿年前古生代的最后一个地质时代，在石炭纪和三叠纪之间。定义二叠纪的岩石层是比较分明的，但它开始和结束的精确年代却有争议。其不精确度可达数百万年。

二叠纪的英文名称源自俄罗斯的彼尔姆州，其他语言的名称大同小异。中文为何译为二叠纪有一说是在德国的同年代地层上半层是白云质石灰岩，下半层是红色岩石之故。

二叠纪地球上所有的陆地组成一个大陆：盘古大陆。当时海面比较低。

二叠纪时海洋中的造礁生物非常活跃。在陆地上，裸蕨植物开始衰退，真蕨和种子蕨非常繁茂。在这个时期第一批裸子植物出现。二叠纪时期陆地上的主要动物是两栖动物，但爬行动物开始发展。昆虫的体型也变大了。

二叠纪末发生了二叠纪－三叠纪灭绝事件，90% ~95% 的海洋生物灭绝，其详细原因目前尚不明确。

基本小知识

生物灭绝

生物灭绝又叫生物绝种。它并不总是匀速的，逐渐进行的，经常会有大规模的集群灭绝，整科、整目甚至整纲的生物可以在很短的时间内彻底消失或仅有极少数残存下来。

二叠系海相阶及其标准地点乌拉尔西坡的二叠系为一套综合有海相、半咸水相和陆相的沉积。下部的阿舍尔阶、萨克马尔阶和亚丁斯克阶的大部为正常海相；其上的空谷阶和卡赞阶为局限的半咸水相，鞑靼阶则全为陆相。为了克服海相层位对比上的困难，有些学者在二叠纪年代地层表的上部层位常采用乌拉尔以外的正常海相阶名，如瓜达卢普阶引自美国得克萨斯州，卓勒法阶引自亚美尼亚，长兴阶引自中国浙江。

二叠纪的海水大致以欧亚东西向地槽带、环太平洋地槽带以及富兰克林－乌拉尔地槽带为活动中心，向邻近的大陆地区淹覆。以此为基础的沉积作用发生明显分异，存在多种沉积岩类型。这些沉积在时间上明显反映出在海退背景下的早、晚期分异。早期正常海沉积广泛发育；晚期除多数地槽及其外围部分继续保持海相沉积外，地槽的回反部分及大陆棚区分别转化为局限的咸化、沼泽化或陆相沉积。

以碳酸盐岩为主的比较发育的沉积主要分布于冒地槽的浅水部分和北半球的浅水地台，包括西西里、小亚细亚、中东、外高加索、盐岭、中亚、克什米尔、东帝汶、日本、新西兰和北美太平洋侧等地以及属于地台范围的北美、西伯利亚和中国等地。

以大量碎屑岩和广泛的火山岩系为特征的地层发育于优地槽。最具代表性的地点为：美国得克萨斯州西部、内华达州、犹他州；亚洲的天山、内蒙古、滇藏、帕米尔；澳大利亚东、西部盆地；西南非，南美阿根廷等地。

➡️ 侏罗纪

侏罗纪是一个地质时代，界于三叠纪和白垩纪之间，约 1 亿 9960 万年前（误差值为 60 万年）到 1 亿 4550 万年前（误差值为 400 万年）。侏罗纪是中生代的第二个纪，开始于三叠纪－侏罗纪灭绝事件。虽然这段时间的岩石标志非常明显和清晰，其开始和结束的准确时间却如同其他古远的地质时代，无法非常精确地被确定。

侏罗纪是由亚历桑德雷·布隆尼亚尔命名，名称取自于德国、法国、瑞士边界的侏罗山，侏罗山有很多大规模的海相石灰岩露头。中文名称源自旧时日本人使用日语汉字音读的音译名"侏罗纪"。

三叠纪晚期出现的一部分最原始的哺乳动物在侏罗纪晚期已濒于灭绝。早侏罗世新产生了哺乳动物的另一些早期类型——多瘤齿兽类，它被认为是植食的类型，至新生代早期灭绝。而中侏罗世出现的古兽类一般被认为是有袋类和有胎盘哺乳动物的祖先。

软骨硬鳞鱼类在侏罗纪已开始衰退，被全骨鱼代替。发现于三叠纪的最早的真骨鱼类到了侏罗纪晚期才有了较大发展，数量增多，但种类较少。

你知道吗

侏罗山

侏罗山在德国、法国和瑞士的边境。东北—西南走向，略成弧形。长 360 千米，宽 80 千米。顶部较平坦，海拔约 1000 米。主要由石灰岩构成，溶洞、地下洞穴、伏流等岩溶地形遍布。主峰内日峰，海拔 1718 米。气候属温带海洋性向大陆性的过渡型。多温泉。东南部多森林，以栎、山毛榉为主。

侏罗纪是恐龙的鼎盛时期，在三叠纪出现并开始发展的恐龙已迅速成为地球的统治者。各类恐龙济济一堂，构成千姿百态的恐龙世界。

侏罗纪的菊石更为进化，主要表现在缝合线的复杂化上，壳饰和壳形也日趋多样化，可能是菊石为适应不同海洋环境及多种生活方式所致。侏罗纪的海相双壳类很丰富，非海相双壳类也迅速发展起来，它们在陆相地层的划分与对比上起了重要作用。

侏罗纪的恐龙

侏罗纪是裸子植物的极盛期。苏铁类和银杏类的发展达到了高峰，松柏类也占到很重要的地位。

海相侏罗纪地层富含化石，特别是菊石类特征明显，保存完全。据此，1815 年，英国的 W. 史密斯提出利用古生物化石划分、对比地层的见解。1842 年，法国的 A. C. 多比尼提出比统更小的年代地层单位阶，并命名了侏罗纪大部分阶名。1856 年，德国的 A. 奥佩尔则提出较详细的菊石带划分。侏罗纪地层正式划分为 3 统、11 阶和 74 菊石带。下侏罗统（里阿斯统）分为赫唐阶、辛涅缪尔阶、普林斯巴赫阶和托尔阶；中侏罗统（道格统）分为阿林阶、巴柔阶、巴通阶、卡洛阶；上侏罗统（麻姆统）分为牛津阶、基末里阶、提唐阶（伏尔加阶）、贝利阿斯阶。详细的菊石分带为全球范围海相侏罗系的划分、对比提供了良好的基础。在海相侏罗系顶界和统的划分方面，目前国际上仍未统一。中国的侏罗纪地层以陆相沉积为主。由于陆生生物演化速度和分布广度都不及菊石，所以陆相侏罗系的研究精度相对较低。

◀ 第四纪

6500 万年前那次生物大灭绝后，地球进入了新生代。新生代是地球历史的最新阶段，而第四纪是新生代最后一个纪。第四纪还可以分为更新世、全新世等。关于其下限一直存在争议，支持较多的有距今 180 万年和距今 260 万年。虽然国际地层委员会推荐的第四纪的下界年龄为 180 万年，但是由于距今 260 万年是黄土开始沉积的年龄，因而我国地质学家，尤其是第四纪地质学家基本都采用后者。这一时期形成的地层称第四系。

从第四纪开始，全球气候出现了明显的冰期和间冰期交替的模式。第四纪生物界的面貌已很接近于现代。哺乳动物的进化在此阶段最为明显，而人类的出现与进化则更是第四纪最重要的事件之一。

知识小链接

冰期

地球表面覆盖有大规模冰川的地质时期。又称为冰川时期。

哺乳动物在第四纪期间的进化主要表现在属种而不是大的类别更新上。第四纪前一阶段——更新世早期，哺乳类仍以偶蹄类、长鼻类与新食肉类等的繁盛、发展为特征，与第三纪的区别在于出现了真象、真马、真牛。更新世晚期哺乳动物的一些类别和不少属种相继衰亡或灭绝。到了第四纪的后一阶段——全新世，哺乳动物的面貌已和现代基本一致。

第四纪人类

大量的化石资料证明人类是由古猿进化而来的。古猿与最早的人之间的根本区别在于人能制造工具，特别是制造石器。从制造工具开始的劳动使人类根本区别于其他一切动物，劳动创造了人类。另一个主要特点是人能直立行走。从古猿开始向人的方向发展的时间，一般认为至少在1000万年以前。

第四纪的海生无脊椎动物仍以双壳类、腹足类、小型有孔虫、六射珊瑚等占主要地位。陆生无脊椎动物仍以双壳类、腹足类、介形类为主。其他脊椎动物中真骨鱼类和鸟类继续繁盛，两栖类和爬行类变化不大。

高等陆生植物的面貌在第四纪中期以后已与现代基本一致。由于冰期和间冰期的交替变化，逐渐形成今天的寒带、温带、亚热带和热带植物群。微体和超微的浮游钙藻对海相地层的划分与对比仍十分重要。第四纪包括更新世和全新世，相应地层称更新统和全新统。第四纪下限的确定，意见分歧较大。1948年，第十八届国际地质大会确定，以真马、真牛、真象的出现作为划分更新世的标志。陆相地层以意大利北部维拉弗朗层，海相以意大利南部的卡拉布里层的底界作为更新世的开始。中国以相当于维拉弗朗层的泥河湾层作为早更新世的标准地层。其后，应用钾氢法测定了法国和非洲相当于维拉弗朗层的地层界层年龄约180万年。因此，许多学者认为第四纪下限应为距今180万年。1977年国际第四纪会议建议，以意大利的弗利卡剖面作为上新世与更新世的分界，其地质年龄约170万年。对中国黄土的研究表明，约248万年前黄土开始沉积，反映了气候和地质环境的明显变化，认为第四纪约开始于248万年前。还有学者认为，第四纪下限应定为330~350万年前。

第四纪地层的划分主要依据沉积物的岩石性质及地质年龄。第四纪沉积物分布极广，除岩石裸露的陡峻山坡外，全球几乎到处被第四纪沉积物覆盖。

第四纪沉积物形成较晚，大多未胶结，保存比较完整。第四纪沉积主要有冰川沉积、河流沉积、湖相沉积、风成沉积、洞穴沉积和海相沉积等。其次为冰水沉积、残积、坡积、洪积、生物沉积和火山沉积等。

　　第四纪的构造运动属于新构造运动。在大洋底沿中央洋脊向两侧扩张。对太平洋板块移动速度测量表明，平均每年向西漂移最大达到 11 厘米，向东漂移 6.6 厘米。陆地上新的造山带是第四纪新构造运动最剧烈的地区，如阿尔卑斯山、喜马拉雅山等。地震和火山是新构造运动的表现形式。地震集中发生在板块边界和活动断裂带上，如环太平洋地震带、加利福尼亚断裂带、中国郯庐断裂带等。火山主要分布在板块边界或板块内部的活动断裂带上。中国的五大连池、大同盆地、雷州半岛、海南、腾冲、台湾等地都有第四纪火山。

地理中的"金钉子"

"金钉子"是一个地质学上的术语。

地质学上的"金钉子"实际上是全球年代地层单位界线层型剖面和点位的俗称。

"金钉子"是国际地层委员会和国际地质科学联合会，以正式公布的形式所指定的年代地层单位界线的典型或标准。它是定义和区别全球不同年代（时代）所形成的地层的全球唯一标准或样板，并在一个特定的地点和特定的岩层序列中标出，作为确定和识别全球两个时代地层之间的界线的唯一标志。

所以说，"金钉子"在地质学上具有重大的意义，是不可反驳的权威。对于每一个国家进行地质研究具有非凡的意义。

❤ "金钉子" 是什么？

在阿根廷举行的国际地质科学联合会确定，我国浙江省长兴煤山剖面为古生界、中生界地层断代界线的标志——"金钉子"。

科学研究表明，地层的年代分为前古生界、古生界、中生界和新生界。每个界又分为多个系。系与系之间的全球标准就俗称为"金钉子"。显然，"金钉子"不止一个，但却有大小之分、主次之分。二叠系是古生界最末一个系，三叠系是中生界最早一个系。所以，浙江省煤山的"金钉子"既是二叠系与三叠系界线的标志，又是中生界与古生界之间的标志，被认为是地质历史上三个最大的断代"金钉子"之一。

为什么叫"金钉子"不叫"银钉子"？"金钉子"是国际地层委员会的命名，金子贵重表示重要，钉子钉下后固定不动，表示是一个永久的标志；另外，也有国际地质学界约定俗成的成分。

> **基本小知识** 👆
>
> ### 古生界
>
> 古生界，即古生代形成的地层，准确的说法应该是"古生代即形成古生界地层的地质年代"。

生物是反映地质历史最灵敏的物质形态。认识地球的最好办法就是研究每一历史时期的生物化石。不同的化石，就成为划分不同年代的标志。百余年来，科学家一直试图确定各个年代之间的分界线，但迄今为止，大约只有一半的年代有了自己的"金钉子"，其中引人注目的古生界和中生界之间的界线还始终存在争议。而这一界线的确立，对我们人类关系重大。

古生界开始于5.4亿年前，结束于2.5亿年前。古生界动物群主要是无脊椎动物中的三叶虫、软体动物和腕足动物。古生界末期地球经历过一次包括全球大海退在内的"灾变群"，90%的物种灭绝。中生界开始于2.5亿年前，结束于6700万年前，又被称为"爬行动物代"、"菊石时代"和"裸子植物时代"。中生界后期的地壳运动对动物的演化产生了巨大影响，恐龙等动物种类趋于灭绝。

对于古生界和中生界的划分，地质学界 100 多年来，一直沿用耳菊石化石作为标志，但由于耳菊石分布的局限性，无法充分地解释全球范围内的地质现象。

1986 年，地质专家提出，将我国地质工作者在浙江省长兴煤山发现的"牙形石化石"作为划分古生界和中生界的标准化石，以此确定古生界和中生界的分界线。这一新颖的观点一经提出，就在地质学界引起强烈反响，甚至遭到一些人的反对。

在科学研究中，一种理论引起争议是很正常的。我国科学工

你知道吗

地质现象

地质现象是指大量的地质变迁现象。通常有滑坡、泥石流、岩崩、岩溶、岩堆（坡积层）、软弱土、膨胀土、湿陷性黄土、冻土、水害、采空区以及强震区等。

作者采取对外开放，吸收国际同行；对内联合，与南京古生物所等科研人员一起，用了近 10 年时间对浙江省煤山进行考察研究，取得了丰硕成果。他们发现的大量伴随全球大海退等灾难事件所留下的动物尸体化石，反映了当时全球动物大灭绝的悲惨景象。

1996 年，中、美、俄、德等国的 9 名科学家在国际刊物上发表联名文章，推荐以中国浙江省长兴煤山的"牙形石化石"为划分古生界和中生界的标准化石。此后，经过国际学术组织三轮投票，最终由国际地质科学联合会认可，确定了煤山在地质学上的"金钉子"地位。

这一地质学上的殊荣，将我们彻底带入了"金钉子"的时代，为开展地质研究奠定了坚实的基础。

▶ "金钉子" 的作用和意义

要想了解"金钉子"的作用及其意义，首先要懂得什么是年代地层单位。

就像历史学家把人类的历史划分为不同时期（如我国的唐、宋、元、明、清）那样，地质学家按地球所有岩石形成时间的先后，建立一套年代地层单位系统，并依次称为太古宙（宇）、元古宙（宇）、古生代（界）、中生代（界）和新生代（界），每一个代的时间内，又进一步划分出次一级的年代地层单位（如系、统、阶）。类似每一个人类历史时期都占据人类历史的一定时间间隔或段落，包含一定的人类活动内容和事件那样，每一个时间地层单位则包括在这个时间间隔内在地球上所形成的所有岩石和与其相关的地质事件。

按国际地质科学联合会（简称地科联）和国际地层委员会（地层委）的规定，全球统一地质时代（年代）表要通过建立全球不同时代（年代）地层单位界线层型和点位（俗称"金钉子"）的方式来建立，以便于按统一时间（时代）标准去理解、解释、分析和研究世界不同地区同一时间内发生的或形成的各类地质体（岩石、地层等）及地质事件及其相互关系。

你知道吗

地质事件

地质事件是指地质历史时期稀有的、突然发生的、在短暂时间内完成而且影响范围广大的自然现象。它在地层中留下能被识别的显著标志。

所以，年代地层单位界线层型和点位（金钉子）是国际地层委和地科联，以正式公布的形式所指定的年代地层单位界线的典型或标准。它是定义和区别全球不同年代（时代）所形成的地层的全球唯一标准或样板，并在一个特定的地点和特定的岩层序列中标出，作为确定和识别全球两个时代地层之间的界线的唯一标志。

每一个时代的全球界线层型和点位（金钉子）的选取，都必须在对全球包含这个时代地层序列（即界线剖面）进行调查，并组织有关专家对所申报的有可能成为该年代地层单位界线"金钉子"剖面的建议和相关研究成果进行详细研究、检验和讨论的基础上，由国际地层委员会下属的有关地层分会的各国专家通过投票的方式产生，然后报国际地层委和地科联批准公布。

全球层型剖面和层型点是指特定地区内，特定岩层序列中的一个专有的标志点，借此构成两个年代地层单位之间界线的定义和识别标准。

"金钉子"是全世界科学家公认的，全球范围内某一特定地质时代划分对比的标准，因此，它的成功获取往往标志着一个国家在这一领域的地学研究成果达到世界领先水平，其意义绝不亚于奥运金牌。

1977 年于捷克确立的全球志留系/泥盆系界线层型剖面和点是全球第一枚金钉子。

全球地层年表中一共有"金钉子"110 枚左右，而目前已经确立的有近 60 枚。

◀ 中国的 "金钉子"

1. 黄泥塘"金钉子"

1997 年 1 月，在中国确认的位于浙江省常山县黄泥塘达瑞威尔阶"金钉子"，是我国第一枚"金钉子"。

2. 长兴灰岩"金钉子"

地质学界 100 多年来，一直沿用耳菊石化石作为标志，但由于耳菊石分布的局限性，无法充分解释全球范围内的地质现象。

1986 年，中国地质大学殷鸿福院士提出，将我国地质工作者在浙江省长兴煤山发现的"牙形石化石"作为划分古生界和中生界的标准化石，以此确定古生界和中生界的分界线。1996 年，中、美、俄、德等国的 9 名科学家在国际刊物上发表联名文章，推荐以中国浙江省长兴煤山的"牙形石化石"为划分古生界和中生界的标准化石。此后，经过国际学术组织三轮投票，最终由国际地质科学联合会阿根廷会议认可。

3. 花垣排碧"金钉子"

2002 年 7 月，位于湖南省花垣县排碧乡的"金钉子"，被国际地层委员会批准为全球地层年表寒武系的首枚"金钉子"。它也是寒武系确定的第一枚金钉子。

4. 蓬莱滩"金钉子"

这枚"金钉子"位于广西壮族自治区来宾市蓬莱滩。它属于二叠系。

5. 古丈"金钉子"

湖南古丈，属于寒武系。

花垣排碧"金钉子"

6. 王家湾"金钉子"

由中国科学院南京地质古生物研究所牵头取得的王家湾奥陶系赫南特阶的"金钉子"。

这是宜昌第 1 枚""金钉子""，地点位于夷陵区分乡镇王家湾村，距今约 4.56 亿年。

7. 黄花场"金钉子"

2007 年 7 月，由国土资源部宜昌地质矿产研究所牵头取得的黄花场全球中和下奥陶统暨奥陶系第三个阶的"金钉子"。

这颗"金钉子"是奥陶系最后一颗，标志着全球奥陶系年代系统的最终建立。这也是世界第 66 枚、中国第 7 枚、宜昌第 2 枚"金钉子"，距今约 4.72 亿年。

8. 长兴阶"金钉子"

浙江省长兴县，与长兴 P – T "金钉子"比邻，二叠系长兴阶底界。

9. 碰冲"金钉子"

位于中国广西壮族自治区柳州的碰冲剖面经国际石炭纪地层委员会表决，以全票 21 票当选为国际石炭纪维宪阶"金钉子"，这是全球石炭纪首个"阶"一级的"金钉子"，也是中国科学家取得的第 9 颗"金钉子"。

10. 寒武系江山阶"金钉子"

2011 年 8 月 12 日，从中国科学院南京地质古生物研究所获悉，我国第 10 枚"金钉子"——寒武系江山

长兴阶"金钉子"

阶"金钉子"经过该所专家团队的深入研究，正式在浙江省江山县确立。

据悉，此次确定的"金钉子"位于我国浙江省江山县碓边村附近的碓边B剖面，以该县县名命名。它是南京地质古生物研究所确立的第7枚"金钉子"，也是南京地质古生物研究所彭善池研究员及其团队继创立芙蓉统、排碧阶、古丈阶之后，以我国地名所命名的第四个全球年代地层标准单位。

▶ 巢湖平顶山 "金钉子" 候选地

"金钉子"是地学界定义和识别地层界线的全球标准的俗称。这一标准将标定全球地质年表中一个地质时期的起始。近年来，中国越来越多的地层剖面被确立为"金钉子"。巢湖市平顶山地址遗迹剖面在确定"金钉子"的过程中出现了不少问题，如地层剖面破环严重、山周围过度开采矿石、周围生态环境恶化等等。

巢湖市北郊包括平顶山在内的广大区域，被誉为是天然的地质博物馆，地质构造和地层特征突出。1965年，人们在巢湖市北郊修公路时发掘出一块鱼龙化石，其被命名为"龟山巢湖龙"。从此，巢湖的地质资源为全国知晓，并在国际地质学术界引起轰动。此后，安徽省区域地质调查队在马家山一带作区域地质调查时，又先后发现几块巢湖龙化石。不久，中国地质大学（武汉）、南京大学、合肥工业大学、浙江大学以及中国科学院南京地质古生物研究所等单位纷纷前去进行科学考察和教学实习。

1995年，中国地质大学的专家发现位于巢湖市北郊的平顶山、马家山一带，晚古生代—中生代地层出露完整，层序稳定，沉积环境标志明显，尤其是位于平顶山西南侧的中生代三叠纪地层，在2.5亿年前地球史上最大的一次生物绝灭后，完整地保存了距今2.5亿年到1.9亿年的地球生物复苏的丰富信息，包括巢湖龙化石、鱼类化石、螺及贝类等众多化石。

由于这一地层保存完好，能够准确记录地质年代，在全球占有优势，通过以中国地质大学为主的国内外地学界专家多年潜心研究，平顶山西南侧地质剖面被国际地学界列为全球下三叠统印度阶—奥伦尼克阶界线层型首选标准剖面。

童金南

从 2000 年起，中国地质大学童金南等人开始筹划在平顶山确立"金钉子"的相关事宜。2001 年，童金南带领参加浙江长兴"金钉子"国际研讨会的十几位外国专家来此考察，平顶山给他们留下了深刻的印象。2003 年，童金南联名多位地质界权威人士就在巢湖确立"金钉子"一事向国际地层委员会提出正式申请。同年，国际地层委员会、国家自然科学基金会、全国地层研究委员会、中国地质大学联合发起举办 2005 年中国巢湖三叠纪年代地层与生物复苏国际学术会议。专家认为平顶山剖面是中国华东地区保存最完好的，最为关键的是，这里发现了作为确定"金钉子"标志的微生物化石——牙形石。

◎ 平顶山 "金钉子" 的优势

"金钉子"的确定必须满足三个条件：一是科学性（客观地质历史阶段的典型标志），二是权威性（全球唯一、世人公认和遵循的标准），三是先进性（科学研究程度最高）。每个"金钉子"都是国际专家历时多年，对世界各地的候选剖面进行系统研究和论证后选定的，并经过 4 轮国际专家组正式投票通过，最后由国际地质科学联合会批准确定。

据了解，根据科学研究的需要，全球最终将产生 108 个"全球标准层型剖面和点位"，即 108 枚"金钉子"。巢湖平顶山要成功申报"金钉子"的地质遗迹优势主要体现在以下几个方面：

一是巢湖下三叠统剖面地理位置好，交通方便，地层出露好，便于研究。二是化石丰富，尤其是发现了关键的菊石和牙形石，可以较精确地标定一些关键界线层位，有利于进行全球对比。同时，剖面上还产有丰富的双壳类以及鱼类和爬行类等化石，是世界上不可多得的重要化石产地。三是地层序列完整，从层序地层学的角度，沉积层序列几乎可以与北美对比。四是巢湖平顶山旋回性沉积有利于开展高分辨率旋回地层学研究。

◎平顶山　"金钉子"　现状及保护策略

　　但据科研人员的实习观察后发现，平顶山周围都是矿山开发的痕迹，并且地质专家在那里钉下的标记已经模糊不清，以往整洁的地质剖面也因为人为的破坏而变得面目全非，因此保护好平顶山地质遗迹显得尤为迫切。以下是对"金钉子"保护的观点与建议。

　　（1）政府及有关部门要禁止企业或工厂对平顶山及周围山上的石头开采，关闭周边已有的采石场，并进行有计划的生态恢复。要坚持可持续的、长远的发展战略，不能被一时的经济利益所诱惑而损害了巢湖长期的经济效益、环境效益、社会效益。

　　（2）建立地质遗迹保护区尤为重要，埋设保护区界桩，设立保护示表。将遗址两边的公路改道，避免振动带来的损害。

　　（3）保护起来进行旅游开发，其带来的经济效益是可持续的。

　　（4）宣传部门以及大众媒体要加大巢湖平顶山地质剖面的科学价值的宣传力度，呼吁市民及前来旅游的游客要保护好地质遗迹，免遭破坏。

　　（5）应该欢迎各地学界的高等院校师生去巢湖进行教学、实习和参观考察，了解巢湖，宣传巢湖。但去巢湖实习和参观考察的高校实习人员要服从该市国土资源局统一组织和安排，以防实习师生随意采集标本，对"金钉子"剖面造成人为损坏。如教学和科研确需采集标本的，可到巢湖市国土资源局指定的辅助剖面上采集。

　　平顶山"金钉子"的确定，对于宣传平顶山、提升平顶山知名度，进一步扩大对外开放和促进国际交往，对于申报国家级地质遗迹自然保护区，以及了解地球历史、探求地球生物演化的奥秘，均具有重要的意义。

　　同时，在保护好平顶山"金钉子"资源的同时可充分利用"金钉子"来开发旅游业，促进平顶山经济的可持续发展，达到经济效益、环境效益和社会效益的统一。